工业和信息化普通高等教育“十二五”规划教材立项项目

21世纪高等学校系列教材

大学计算机基础实践教程

李连胜　刘倩兰　胡丽霞 ◎ 主编

计算机

人 民 邮 电 出 版 社

北 京

图书在版编目（C I P）数据

大学计算机基础实践教程 / 李连胜，刘倩兰，胡丽霞主编. -- 北京 : 人民邮电出版社，2016.9（2018.8重印）
21世纪高等学校系列教材
ISBN 978-7-115-43192-9

Ⅰ. ①大… Ⅱ. ①李… ②刘… ③胡… Ⅲ. ①电子计算机－高等学校－教材 Ⅳ. ①TP3

中国版本图书馆CIP数据核字(2016)第202052号

内 容 提 要

本书是《大学计算机基础》（文海英、戴振华主编）一书的配套实践指导用书，设计了计算机基础的相关实验，包括：计算机系统概述实验、Windows 7 操作系统实验、文字处理软件 Word 2010 实验、电子表格处理软件 Excel 2010 实验、演示文稿制作软件 PowerPoint 2010 实验、计算机网络基础与应用实验、综合练习题及其参考答案、《大学计算机基础》的各章练习题参考答案。全书内容丰富，实验设计合理，实验操作步骤清楚，图文并茂，易学易用。

本书适合作为《大学计算机基础》（文海英、戴振华主编）一书的配套教材，以帮助学生进行上机实验和课后练习，也可供计算机爱好者学习参考。

◆ 主　　编　李连胜　刘倩兰　胡丽霞
责任编辑　邹文波
责任印制　沈　蓉　彭志环

◆ 人民邮电出版社出版发行　　北京市丰台区成寿寺路 11 号
邮编　100164　　电子邮件　315@ptpress.com.cn
网址　http://www.ptpress.com.cn
三河市祥达印刷包装有限公司印刷

◆ 开本：787×1092　1/16
印张：10.25　　　　2016 年 9 月第 1 版
字数：267 千字　　　2018 年 8 月河北第 4 次印刷

定价：29.80 元

读者服务热线：(010)81055256　印装质量热线：(010)81055316
反盗版热线：(010)81055315
广告经营许可证：京东工商广登字 20170147 号

前言

随着计算机技术的飞速发展，计算机在经济与社会发展中的地位日益重要。计算机教育应面向社会、面向应用，与社会接轨。

计算机基础课程有其自身的特点，有着极强的实践性。学习计算机很重要的一点就是通过上机实践加深对计算机基础知识、基本操作的理解和掌握。本书是《大学计算机基础》（文海英、戴振华主编）一书的配套实践教材，是对教材的有益补充。本书强调实验操作的内容、方法和步骤，目的在于让学生掌握基本理论的同时，掌握每章的知识要点，提高动手操作能力。本书也可以与其他计算机基础教材配合使用。

本书内容分两部分，第一部分是与主教材对应的各章实验指导，共 6 章，主要内容包括：计算机系统概述实验、Windows 7 操作系统实验、文字处理软件 Word 2010 实验、电子表格处理软件 Excel 2010 实验、演示文稿制作软件 PowerPoint 2010 实验、计算机网络基础与应用实验。第二部分（附录）为主教材各章习题参考答案、综合练习题及其参考答案。本书结构清晰、内容丰富、操作步骤清楚、图文并茂、通俗易懂。

建议本书学时为 28 学时。本书可作为大学本科非计算机专业的“计算机基础”课程教材的配套实践教材，也可供计算机爱好者参考。

本书的主编是李连胜、刘倩兰、胡丽霞，副主编是文海英、李中文、王凤梅、李艳芳，参加本书编写工作的还有：胡美新、肖辉军、戴振华、唐鹏飞、陈友明、宋梅、韦美雁、李玲香。其中，第 1 章由胡美新与唐鹏飞合作编写，第 2 章由李中文编写，第 3 章由王凤梅与刘倩兰合作编写，第 4 章由戴振华与李艳芳合作编写，第 5 章由文海英与胡丽霞合作编写，第 6 章由肖辉军编写，综合练习题由戴振华与肖辉军合作编写。文海英还负责本书的统稿和组织工作，李连胜负责本书的习题及参考答案的统稿工作，宋梅、陈友明、韦美雁、李玲香负责本书的校稿工作。在本书的编写过程中还得到了黄文教授、李勇帆教授、何昭青教授、林华副教授的支持和帮助，在此由衷地向他们表示感谢！此外，在编写本书的过程中，编者参考了大量的文献资料，在此也向这些文献资料的作者表示感谢。

由于时间仓促及编者水平有限，书中不足和疏漏之处在所难免，恳请读者批评指正。

编　者

2016 年 8 月

目 录

第1章 计算机系统概述实验

电子计算机（Electronic Computer）又称电脑，是一种能高速、精确处理信息的现代化电子设备，是20世纪最伟大的发明之一。伴随着计算机技术和网络技术的飞速发展，计算机已渗透到社会的各个领域，对人类社会的发展产生了极其深远的影响。

本章内容主要包含计算机的一些基本知识，包括正确的计算机开机、关机方式及键盘指法，计算机系统的组成及计算机的组装与设置等。

实验1 计算机开机、关机与键盘指法

一、实验目的

1. 熟悉计算机的开机、关机方法。
2. 了解计算机键盘的组成及各键的功能和使用方法。
3. 掌握正确的键盘输入指法。

二、相关知识

1. 计算机的开机、关机方法

现在家家都有计算机，大家每天也都在使用计算机，但是你开机、关机的方式正确吗？正确的开关机方法可以延长计算机的使用寿命。在使用过程中，如果出现死机等意外情况又该如何正确处理？这是我们要了解的。计算机的启动方法有三种，其一是冷启动，即开机启动，依次打开外设与主机开关，然后进入Windows的登录框；其二是热启动，同时按下Ctrl + Alt + Del三键，在开机状态使计算机重新进入系统；其三是复位启动，按主机箱上的复位键（Reset），重启系统进入Windows环境。计算机关机的方法是在Windows环境下，执行任务栏上【开始】|【关机】命令。

2. 键盘的组成

键盘由一组按键开关组成。键盘上按键的个数由各机器的要求而定，常用的有普通的101键盘和Windows键盘。每个键盘都有其唯一的代码，当按某个键时，键盘中的电路就形成该键的代码，并以一定的方式让CPU接收该代码。

3. 键盘各键的功能和使用方法

键盘有很多种，但其常用的功能及主要设置基本一样。正确的指法不但可以减少在文字录入过程中的错误，还可以加快录入的速度，所以正确的指法相当重要。另外，操作过程中适当地使

用计算机快捷键，也可以提高工作效率。

4. 常用软件——《金山打字通》的使用

《金山打字通》是金山公司推出的两款教育系列软件之一，是一款功能齐全、数据丰富、界面友好、集打字练习和测试于一体的打字软件。它主要由英文打字、拼音打字、五笔打字、打字游戏等6部分组成。所有练习用的词汇和文章都分专业和通用两种，用户可根据需要进行选择。英文打字从键位记忆到文章练习逐步让用户学会盲打并提高打字速度。五笔字型打字是从字根、简码到多字词组逐层逐级进行的练习。拼音打字特别加入异形难辨字练习、连音词练习、方言模糊音纠正练习，以及HSK（汉语水平考试）字词的练习，这些练习给汉语拼音水平不高的用户提供了极大的方便。

三、实验演示

【例 1.1】 开机与关机。

（1）开机的正确步骤如下。

在开机前先检查一下外部设备（显示器、鼠标、键盘、打印机、音箱等）是否与主机连接好了，如果未连接好，则先把外部设备与主机连接好。

①打开总电源开关。即接通主机与显示器等外设的电源。

②再打开外设电源开关。即将显示器、打印机、音箱等外部设备的电源打开。

③最后打开主机电源开关，即可启动计算机。

说明：先开显示器等外设电源，是因为，当按下机箱的电源开关时，屏幕上会立刻显示一些硬件及系统的相关信息，还有自检信息。如果先开主机电源，后开显示器，那么前面的有些信息就有可能跳过。所以为了能看到全部的开机信息，要先开显示器等外设电源，后开主机电源。当系统或硬件出问题，需要找到一些相关原因的话，开机的自检信息是很重要的。

（2）关机的正确步骤如下。

①结束所有的任务。并关闭所有对话框。

②关闭计算机主机。单击“开始”按钮，打开“开始菜单”，单击“关机”，计算机将自动关闭。

③关闭外部设备（显示器、打印机、音箱等）电源开关。

④关闭总电源开关。

如果计算机在使用过程中，出现死机等意外情况，首先要考虑的是进行热启动（Ctrl + Alt + Delete），如果无效再进行复位启动（Reset 键），或长按 POWER 键强制关机，但文件会丢失。

【例 1.2】 认识键盘。

常用的键盘如图 1-1 所示，整个键盘分为五个小区：上面一行是功能键区和状态指示区；下面的五行是主键盘区、编辑键区和小键盘区。其中，部分按键上有两个符号，在上面的字符称为上档字符，下面的字符为下档字符。

图 1-1 键盘示意图

（1）主键盘区

对打字来说，最主要的是熟悉主键盘区各个键的用处。主键盘区包括 26 个英文字母，10 个阿拉伯数字和一些特殊符号，另外还附加了以下一些辅助按键。

①Esc 键：退出键，英文 Escape 的缩写，中文意思是逃脱、出口等。在计算机的应用中主要作用是退出某个程序。例如，我们在玩游戏的时候想退出来，就按一下这个键。

②Tab 键：表格键，可能大家比较少用这一个键。它是 Table 的缩写，中文意思是表格。在计算机中的应用主要是在文字处理软件里（如 Word）起到等距离移动的作用。例如，我们在处理表格时，不需要用空格键来一格一格地移动，只要按一下这个键就可以等距离地移动了，因此叫表格键。

③Caps Lock 键：大写锁定键，英文是 Capital Lock 的缩写，用于输入较多的大写英文字符。它是一个循环键，再按一下就又恢复为小写。当启动到大写状态时，键盘上的 Caps Lock 指示灯会亮着。注意，当处于大写的状态时，中文输入法无效。

④Shift 键：转换键，中文是“转换”的意思，用于转换大小写或上档键，还可以配合其他的键共同起作用。例如，要输入电子邮件的@，在英文状态下按 Shift 键再按 2 键就可以了。

⑤Ctrl 键：控制键，英文是 Control 的缩写，中文意思是控制。需要配合其他键或鼠标使用。例如，我们在 Windows 状态下配合鼠标使用可以选定多个不连续的对象。

⑥Alt 键：可选键，英文是 Alternative，中文意思是可以选择的。它需要和其他键配合使用来达到某一操作目的。例如，要将计算机热启动可以同时按住 Ctrl、Alt、Del 键完成。

⑦Enter 键：回车键，中文是“输入”的意思，是用得最多的键，因而在键盘上设计成面积较大的键，像手枪的形状，便于用小指击键。它的主要作用是执行某一命令，或在文字处理软件中起换行的作用。

（2）功能键区

功能键区 F1 到 F12 的功能根据具体的操作系统或应用程序而定。

（3）控制键区

控制键区中包括插入字符键 Ins，删除当前光标位置的字符键 Del，将光标移至行首的 Home 键和将光标移至行尾的 End 键，向上翻页的 Page Up 键和向下翻页的 Page Down 键，以及上下左右箭头。

（4）小键盘区

小键盘区有 10 个数字键及其他功能符号键，主要用于大量输入数字的情况，如在财会的输入方面。另外，五笔字型中的五笔画输入也使用。当使用小键盘输入数字时应按 Num Lock 键，此时对应的指示灯亮。

【例 1.3】　键盘操作的正确姿势与键盘指法。

（1）键盘操作的正确姿势

使用键盘前，首先要注意正确的姿势，不正确的姿势既影响输入速度，又容易产生疲劳。保持正确的姿势应该注意以下几点。

①身体保持端正，两脚平放，腰部挺直，肩部放松。

②手腕平直，两臂自然下垂，两肘贴于腋边，手指弯曲自然适度。

③打字文稿放在键盘的左边，视线投放在文稿或屏幕上，不要频繁看键盘。

（2）键盘指法

为了充分调动十个手指的作用，每个手指都有分工，负责击打固定的几个键位，从而实现盲打（不看键盘输入）。

①基准键位

主键盘区域的“ASDF”和“JKL;”。这 8 个键位定为基准键位，输入前，左、右手指除大拇指以外的 8 个手指轻放在这 8 个基准键位上，如图 1-2 所示。

手指要自然弯曲，轻放在基本键位上面，大拇指置于空格键上，两臂轻轻抬起，不要使手掌接触到键盘托架或桌面（会影响输入速度）。

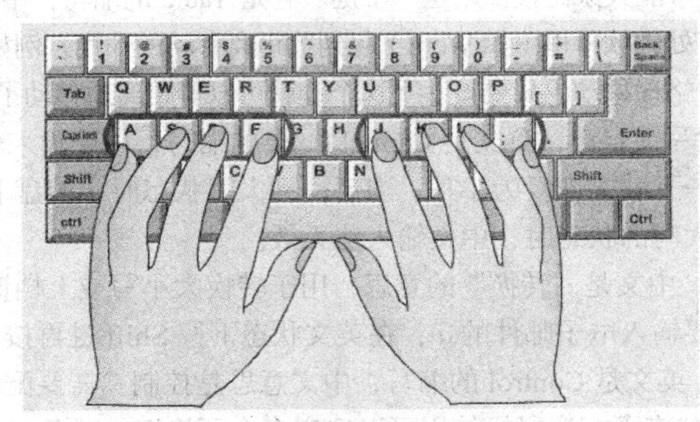

图 1-2　基准键位的手指分工

②手指分工

前面所述 8 个基准键位与手指的对应关系，必须牢牢记住，手指与键盘的对应关系也应熟练。

在基准键位的基础上，对于其他字母、数字、符号键都采用与 8 个基准键的键位相对应的位置（简称相对位置）来记忆。例如，用击 D 键的左手中指向上击 E 键和数字键 3，向下击 C 键。用击 K 键的右手中指上击 I 键和数字键 8 等。

键位的指法手指分区如图 1-3 所示。凡两折线范围内的字键，都必须由规定的同一手指管理和击键，这样既便于操作，又便于记忆。

图 1-3　指法手指分区图

③击键方法

击键前手指放在基准键位上，两个大拇指轻放在空格键上。手腕平直，手指自然弯曲，击键要短促有弹性，不要将手指伸直来按键。每击完一键后，手指要立即返回基准键位。

空格键的击法：大拇指横向向下一击。

回车键的击法：抬起右手小指击一下 Enter 键。

大/小写转换键的击法：伸出左手小指击一下 Caps Lock 键，改变原来的输入状态，再击就会恢复到原来的方式。

转换键的击法：当需要转换的双字符键在主键盘右部时，先用左手小指按下主键盘左边的 Shift 键不放，再伸出右手相应的手指击一下某个双字符键；当需要转换的双字符键在主键盘左部时，先用右手小指按下主键盘右边的 Shift 键不放，再伸出左手相应的手指击一下某个双字符键，此时输入的是键面上方的字符。

例如，要输入“*”号，先用左手小指按下左边 Shift 键不放，再伸出右手中指击一下“8”键。

（3）最常用的计算机快捷键及组合键

正确使用计算机快捷键及组合键，可以提高录入速度，最常见的快捷键及组合键如图 1-4 所示。

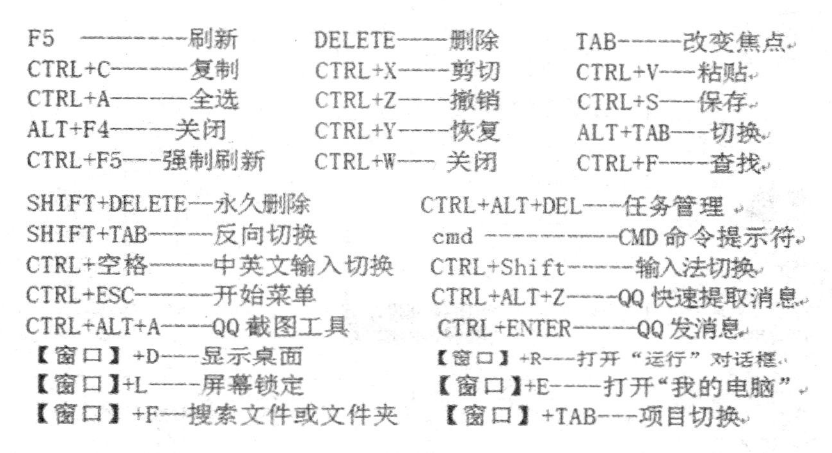

图 1-4 最常见的快捷键及组合键

【例 1.4】 《金山打字通》软件的使用。

（1）启动《金山打字通 2013》软件

《金山打字通 2013》软件的启动方式有以下两种。

① “开始”菜单启动方式。单击“开始”菜单中的“金山打字通”图标，如图 1-5 所示。

② 双击快捷图标。若桌面上有《金山打字通 2013》软件的快捷图标，用户直接双击快捷图标即可。

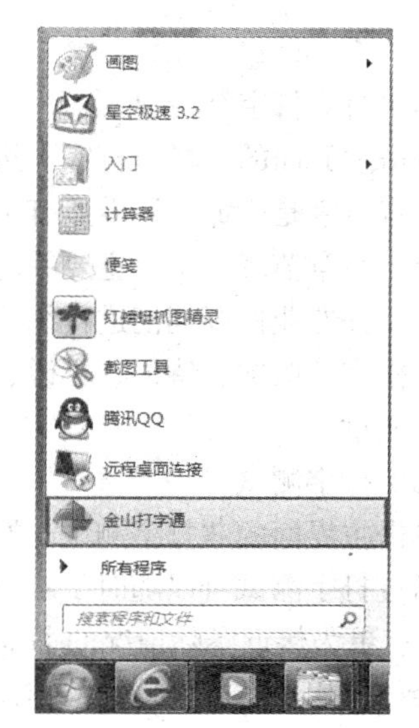

图 1-5 从“开始”菜单启动“金山打字通”

（2）《金山打字通》用户注册

《金山打字通》是一款能进行多用户管理的软件，有个人记录功能，所以在使用该软件时，一定要建立一个用户。

建立用户的过程非常简单，启动该软件，单击“新手入门”按钮后，就会弹出“登录”对话框，如图 1-6 所示。

（3）英文打字练习

单击主界面的“英文打字”按钮，进入英文打字界面。

在英文打字的键位练习中，用户可以选择键位练习课程，分键位进行练习，先从最基本的键位开始练起，逐渐扩展到全部手指的键位，一步一步地熟悉键盘。该软件增加了手指图形，不但可以提示每个字母在键盘的位置，更可以知道用哪个手指来敲击当前需要键入的字符。用户在进行键位练习的时候，键位图会提示用户击键的位置，提示的时候键位显示为绿色。如果敲对，键变为原色；如果敲错，则在敲过的错误键上出现叉号，直到敲到正确的键后，叉号才会消失。

图 1-6 “登录”对话框

（4）拼音打字练习

单击主界面的“拼音打字”按钮，就进入拼音打字界面。

拼音打字是为那些比专业打字员要求低的用户准备的，分章节练习、词汇练习、文章练习三个部分。在章节练习中，主要针对的是方言模糊音、连音词、普通话异读词的练习。在词汇练习中，可以按专业选择词汇进行练习，此外，该部分练习中提供了中文常用词汇。在文章练习中，提供了格言、散文、诗词、小说、笑话、杂项 6 类普通文章，医学、电子、化学、计算机等 10 类专业文章。

（5）打字测试

单击主界面的“打字测试”按钮，就进入打字测试界面。

通过打字测试可以随时了解自己的打字速度。打字测试不但可以采用屏幕对照的形式进行测试，还有更为接近实际情况的书本对照方式。此外，在用户使用打字测试之前可以进行学前测试，系统会根据用户的实际情况，建议用户进入哪个模块进行练习。

四、实验任务

【任务一】 用正确的方法开机、关机，熟悉键盘，并能用正确的指法击打，掌握最常用的计算机快捷键及组合键的使用。

【任务二】 启动《金山打字通》，设置《金山打字通》环境，用户注册，并键入注册名，在英文打字、拼音打字、打字测试等各项中选择练习。要求英文单词或汉字打字速度达到每分钟 60 个以上。

实验 2　计算机的硬件及其外部连接

一、实验目的

1. 熟悉微型计算机系统的基本硬件结构。

2. 掌握最基本的计算机的外部线路连接方法，如主机箱与外部电源插座相连接的方法；显示器与主机、电源的连接方法；键盘、鼠标、打印机的连接方法等。

3. 掌握显示器和主机箱的基本操作。

4. 了解普通计算机的组装过程。

二、相关知识

1. 计算机的硬件

计算机的硬件是计算机赖以工作的实体，是指计算机中看得见、摸得着的一些实体设备，从微机外观上看，主要由主机、显示器、鼠标和键盘等部分组成，其中主机背面有许多插孔和接口，用于接通电源、连接键盘、鼠标、打印机、音箱等外设，而主机箱内包括 CPU、主板、内存、硬盘和各种数据线等硬件。

2. 注意事项

（1）对计算机各个硬件部件要轻拿轻放，不要碰撞。安装主板要稳固，防止主板变形及对主板上电子线路造成永久性损伤，在安装过程中一定要采用正确的安装方法。

（2）防止液体进入计算机内部，特别是计算机内部的板卡上。

（3）防止人体所带静电对电子器件造成损伤，在组装硬件前，先消除身上的静电，在拆装的过程中，由于不断的摩擦也会产生静电，所以隔一段时间要释放身上的静电，如摸一摸自来水管或洗手等。

三、实验演示

【例 1.5】　了解计算机的硬件组成。

（1）熟悉计算机硬件的外观组成

从外观上看，计算机一般是由主机、显示器、键盘、鼠标、打印机和音箱等组成，如图 1-7 所示。

（2）了解显示器和主机箱的基本操作

①显示器：观查所用显示器的尺寸大小、电源开关的位置，掌握控制屏幕属性（亮度、对比度、色彩、水平相位、垂直相位、宽度、消磁、大小等）及按钮的操作方法，如图 1-8 所示。

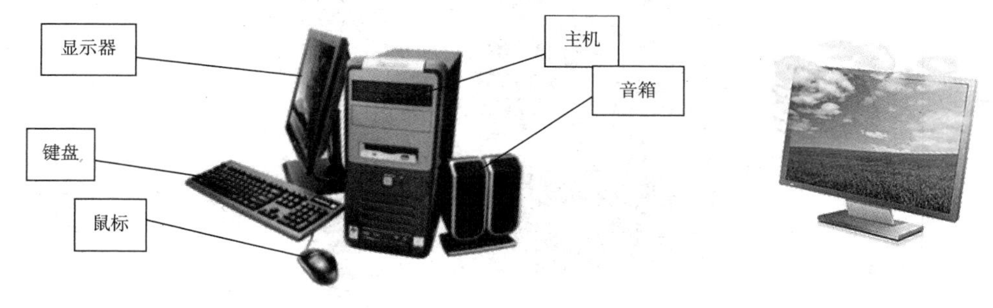

图 1-7　计算机的外观　　　　图 1-8　显示器

②主机箱：计算机的所有外部设备都与主机箱相连接，主机箱有立式机箱与卧式机箱之分。认识主机箱前面板上的主机开关、复位键开关、光盘驱动器、电源指示灯及前面板附带的音频插口和USB接口，如图1-9所示。

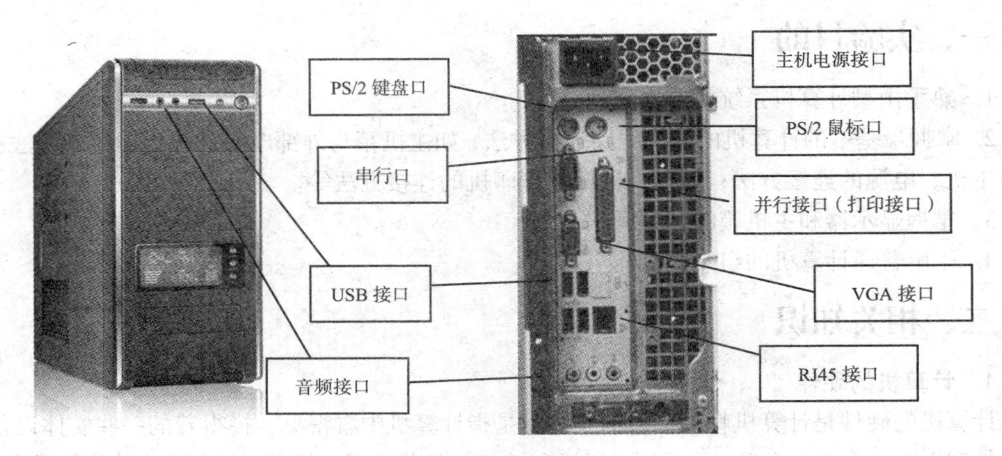

图 1-9　主机箱面板

【例 1.6】　了解外部线路的连接与接口。

（1）电源的连接。将主机箱与外部电源插座相连接。

（2）显示器的连接。将显示器信号电缆与主机显示端口相连接。

（3）键盘、鼠标的安装。键盘和鼠标的安装很简单，只需将其插头对准缺口方向插入主板上的键盘及鼠标插口即可。

键盘或鼠标的串口接法是将一个五针的圆形插头插入对应的插孔中，连接键盘接口的时候要注意其方向，即插头上的小舌头一定要对准插孔中的方形孔。

（4）打印机的连接。将打印机与主机并行端口相连接。

（5）各种外设接口如图1-9所示。

【例 1.7】普通计算机的组装过程。

计算机要正常使用，首先要将计算机的各个硬件按部就班地放置在机箱内，即完成计算机的组装。主机箱内的硬件的内部结构如图1-10所示。

图 1-10　主机箱内的硬件

在组装计算机之前，需准备好螺钉旋具、尖嘴钳、镊子等装机工具。具体的装机过程如下。

（1）安装电源。

主机电源一般安装在主机箱的上端靠后的预留位置上。先将电源装在机箱的固定位置上，注意电源的风扇要对着机箱的后面，这样才能正常散热。之后用螺钉旋具将电源固定。安装了主板后把电源线连接到主板上。

（2）安装 CPU。

抬起主板上的 CPU 压杆，将 CPU 按正确的方向插入插座，之后将压杆下压，卡住 CPU 就安装到位了。然后在 CPU 上涂上散热硅胶，以便 CPU 和风扇上的散热片能更好地贴在一起。

（3）安装风扇。

将 CPU 插槽旁的把手轻轻向外拨，再向上拉起到垂直位置，插入 CPU 风扇。注意不要损坏了 CPU，之后再把把手压回到原来的位置。

（4）安装内存条。

掰开主板上内存插槽两边的把手，把内存条上的缺口对齐主板内存插槽缺口，垂直压下内存条，插槽两侧的固定夹自动跳起夹紧内存条并发出“咔”的一声，此时内存条已被锁紧。

（5）安装主板。

将机箱水平放置，将主板上面的定位孔对准机箱上的主板定位螺丝孔，用螺丝把主板固定在机箱上，注意旋螺丝时拧到合适的程度即可，以防止主板变形。

（6）安装硬盘。

安装硬盘时首先把硬盘用螺丝固定在机箱上，插上电源线，连上 IDE 数据线，之后将数据线的另一端和主板的 IDE 接口连接。

（7）安装显卡、声卡、网卡等板卡。

有很多主板集成了这些板卡的功能，但如果对集成的显卡、声卡、网卡等的性能不满意，可以按需安装新的扩展卡，并在 BIOS 中设置屏蔽该集成的设备。

安装各种板卡时首先需确定插槽的位置，然后将板卡对准插槽并用力插到底，最后用螺丝固定。

（8）连接电源线。

将光驱、硬盘等连接电源线连接主机电源上。

（9）连接数据线。连接硬盘和光驱数据线。

（10）装挡板、整理机箱。

（11）盖上机箱盖，连接外部设备。

连接鼠标、键盘、音响、显示器等外部设备。

至此，计算机组装完成。在组装计算机时，要注意以下问题。

（12）在组装过程中，要对计算机各个配件轻拿轻放，在不知如何安装的情况下要仔细查看说明书，严禁粗暴装卸配件。

（13）在安装需螺丝固定的配件时，拧紧螺丝前一定要检查安装是否对位，否则容易造成板卡变形、接触不良等情况。

（14）在安装那些带有针脚的配件时，应注意安装是否到位，避免安装过程中针脚断裂或变形。

（15）在对各个配件进行连接时，应注意插头、插座的方向，如缺口、倒角等。插接的插头一定要完全插入插座，以保证接触可靠。另外，在拔插时不要抓住连接线拔插头，以免损伤连接线和插座。

上述这些问题在装机过程中经常会遇到，稍不小心就会对计算机造成很大的损伤，在组装计算机时要多加注意。

四、实验任务

【任务一】 认识显示器面板。在显示器正常工作时，通过面板上的按钮调节亮度、色度、对比度等。认识主机前面板、背面。观察电源指示灯及硬盘指示灯的位置，了解常用的接口及功能，注意每个接口都有方向性，不要用力插入。

【任务二】 将计算机的主要部件拆卸下来，观察各个部件的主要特征，再重新组装，连接好各种数据线及电源线，使其重新恢复工作。

第2章 Windows 7操作系统实验

Windows 7是微软公司2009年发布的操作系统，与以往的Windows版本相比，有较少的操作系统脚本、更好的用户界面，可以实现更快的启动和关机，并且提升了电池的电源管理，增强了多媒体性能，加强了稳定性、可靠性、安全性。

实验1 Windows 7的基本操作

一、实验目的

1. 掌握鼠标的用法。
2. 掌握Windows 7的启动与退出方法。
3. 熟练掌握Windows 7的窗口操作方式。
4. 熟练掌握Windows 7“开始”菜单和任务栏的设置。
5. 理解菜单的概念，掌握菜单的基本操作。
6. 学会使用控制面板调整和配置计算机的各种系统属性。

二、相关知识

1. 鼠标操作

鼠标的基本操作包括：单击、右击、双击、指向及拖曳。

2. Windows 7的启动和关闭

计算机的整个运行过程都是由操作系统控制和管理的，启动计算机就意味着启动操作系统，Windows 7在运行的过程中可以根据不同的需要执行关闭计算机、重新启动计算机、计算机休眠与睡眠、锁定计算机、注销与切换用户等操作。

3. “开始”菜单

“开始”菜单是计算机程序文件夹和设置的主菜单，通过该菜单可完成计算机管理的主要操作。

4. 任务栏

任务栏是位于桌面底部的条状区域，它包含“开始”按钮及所有已打开程序的任务栏按钮。Windows 7中的任务栏由“开始”按钮、窗口按钮和通知区域等几部分组成。

5. 控制面板

利用Windows 7的控制面板可以调整和配置计算机的各种系统属性，用户可以根据自己的需要配置系统。学会使用控制面板进行添加、删除程序，掌握添加、删除和设置硬件设备的方法，并且学会对计算机的网络进行配置。

三、实验演示

【例 2.1】 鼠标的基本操作。

具体操作如下。

（1）单击。按下鼠标左键，立即释放。单击用于选定对象。

（2）右击。按下鼠标右键，立即释放。单击鼠标右键后，弹出所选对象的快捷菜单。快捷菜单是命令的最方便的表示形式，几乎所有的菜单命令都有对应的快捷菜单命令。

（3）双击。快速进行两次单击（连击左键两次）。双击用于运行某个应用程序或打开某个文件夹窗口及文档。

（4）指向。在未按下鼠标键的情况下，移动鼠标指针到某一对象上。“指向”操作的用途是“打开子菜单”或“突出显示一些说明性的文字”。

（5）拖曳。按住鼠标左键的同时移动鼠标指针。拖动前，先把鼠标指针指向要拖动的对象，然后拖曳到目的地后松开鼠标左键。拖曳的主要作用是复制或移动文件（文件夹）。

【例 2.2】 正常启动和退出 Windows 7。

具体操作步骤如下。

（1）启动。开启计算机电源，进入 Windows 7 界面，在“登录到 Windows”对话框中，输入用户名和密码，单击“确定”按钮或按 Enter 键。

（2）关闭所有程序，执行“开始”菜单中的“关闭计算机”命令，单击“关闭”按钮退出 Windows 7。

在 Windows 操作系统中，当屏幕出现可以关机的提示时，才能关闭电源，切记不可直接关闭电源。如果没有正常关机，则在下次启动时，将自动执行磁盘扫描程序。

【例 2.3】 桌面图标及桌面属性设置。

桌面上主要包含桌面图标、“开始”按钮、桌面背景和任务栏等项，如图 2-1 所示。

图 2-1 Windows7 系统桌面显示

（1）桌面图标

桌面图标实际上是一种快捷方式，用于快速地打开相应的项目及程序。在 Windows7 中，除

"回收站"图标外，其他的桌面图标都可以删除。用户也可以根据自己的习惯创建快捷方式，并将图标放置于桌面。更改桌面图标，请参考"桌面属性设置"。

（2）桌面属性设置

具体操作步骤如下。

①右击桌面空白处，打开"桌面"快捷菜单，如图 2-2 所示，选择"个性化"命令，打开"个性化"窗口，如图 2-3 所示。

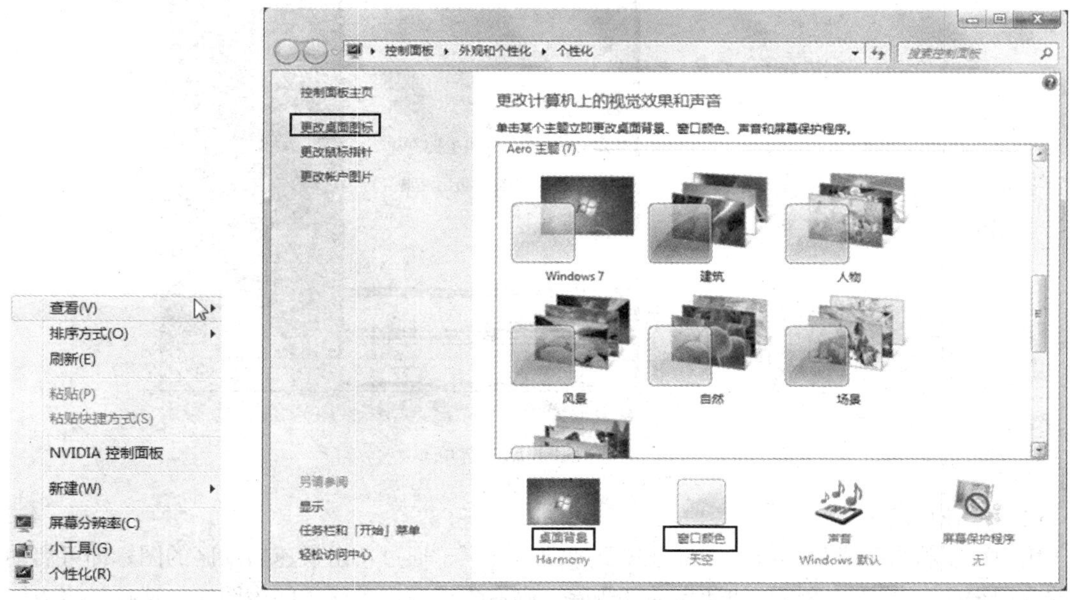

图 2-2　"桌面"快捷菜单　　　　图 2-3　个性化桌面设置窗口

②单击"桌面背景"，在打开的"桌面背景"窗口中设置图片背景或纯色背景，并保存修改。

③单击"窗口颜色"，在打开的"窗口颜色和外观"窗口中对窗口、"开始"菜单和任务栏的颜色和外观进行微调。

【例 2.4】 任务栏及其基本设置。

在任务栏上集中了"开始"按钮、快速启动区、程序按钮区、语言栏、通知区域和显示桌面，如图 2-4 所示。

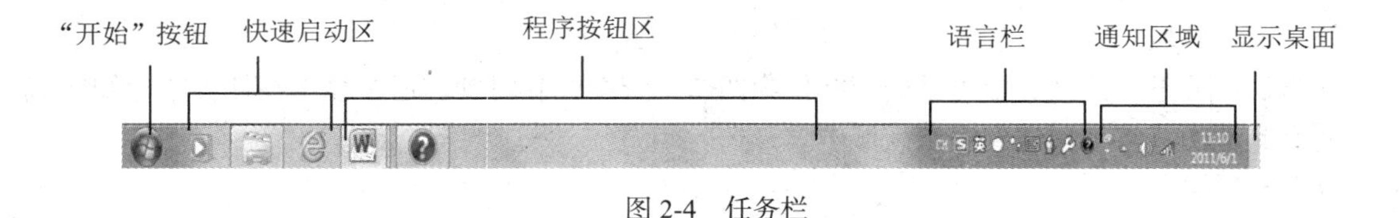

图 2-4　任务栏

具体操作步骤如下。

（1）打开"开始"菜单

单击屏幕左下角的"开始"按钮，或者按键盘上的 Win 键。"开始"菜单可以理解为 Windows 的导航控制器，在这里可以实现 Windows 的一切功能，只要熟练掌握 Windows 的"开始"菜单，使用 Windows 将易如反掌。

单击“开始”菜单，打开如图 2-5 所示的“开始”菜单。

图 2-5 “开始”菜单

（2）快速启动

用户可以将自己常用的程序图标拖曳到快速启动栏，通过单击快速启动区的图标即可启动相应的应用程序。若要将图标从快速启动区删除，则右击快速启动区中的该图标，选择“将应用程序从任务栏解锁”命令。

（3）程序按钮

程序按钮是在系统中打开的每一个应用程序或窗口的最小化按钮，通过单击任务栏中某程序按钮，可将该程序或窗口变成当前窗口。

（4）语言区

在输入文字过程中，通过它可以切换各种输入方法。默认的键盘中西文切换方法是 Ctrl + Space，各输入法之间切换的快捷方式是 Ctrl + Shift。可通过设置语言区，添加或删除各种已经安装的输入法。

（5）通知区域

在默认情况下，此区域中可见的图标仅为四个系统图标和时钟。通常显示在任务栏通知区域中的所有其他图标将被推送到溢出区域中。

（6）显示桌面

单击此按钮，可将系统当前打开的所有窗口最小化，显示出桌面。

【例 2.5】 熟悉窗口、对话框的组成及其基本操作。

（1）窗口的组成

虽然每个窗口的内容各不相同，但所有窗口都始终在桌面显示，且大多数窗口都具有相同的基本构成，主要包括标题栏、菜单栏、搜索栏、工具栏及状态栏等。下面以 Windows 7 中的“记事本”窗口为例，如图 2-6 所示，来介绍窗口的组成。

图 2-6　“记事本”窗口

①标题栏：位于窗口的顶端，用于显示窗口的名称。用户可以通过标题栏来移动窗口、改变窗口大小和关闭窗口。

②菜单栏：包含程序中可单击进行选择的项目。

③窗口控制按钮：最小化、最大化和关闭按钮。这些按钮分别可以隐藏窗口、放大窗口使其填充整个屏幕以及关闭窗口。

④滚动条：可以滚动窗口的内容以查看当前视图之外的信息。

⑤边框和角：可以用鼠标指针拖动这些边框和角以更改窗口的大小。

（2）窗口的基本操作

窗口的基本操作比较简单，其操作基本上包括以下几种：打开窗口，最大化、最小化及还原窗口，缩放窗口，移动窗口，切换窗口，排列窗口和关闭窗口等。

①打开窗口：双击要打开窗口的图标（打开窗口的方法有许多，这里主要介绍基本方法）。

②最大化、最小化及还原窗口：集中在窗口右上角的控制按钮区。

- 最大化：当单击窗口控制按钮中的三个按钮中间的四方框按钮时，窗口就会占据整个屏幕。
- 最小化：当单击窗口控制按钮中的三个按钮最左边的一字形按钮时，窗口会被缩小到任务栏中的窗口显示区。
- 还原：当窗口被最大化后，中间的四方框按钮变为叠放的两个四方框按钮，单击后窗口会恢复为原来大小。

③缩放窗口：将鼠标移动到窗口的四个角上，当鼠标变成双向箭头后，按下鼠标左键进行移动，当调整到满意状态后放开鼠标，那么窗口就变成调整时的大小了。

④移动窗口：将鼠标移动到窗口标题栏，然后按下鼠标左键移动鼠标，当移动到合适的位置时放开鼠标，那么窗口就会出现在这个位置（窗口最大化状态不可移动）。

⑤切换窗口。

- 通过任务栏按钮预览：鼠标移动到任务栏的窗口按钮上，系统会显示该按钮对应窗口的缩略图。
- 不同的窗口切换缩略图：按 Alt + Tab 键，即可以缩略图的形式查看当前打开的所有窗口。
- 三维窗口切换：按 Win + Tab 键，会显示出三维窗口切换效果，如图 2-7 所示。按住 Win 键不放，再按 Tab 键或滚动鼠标滚轮就可以在现有窗口缩略图中切换，当显示出所需要窗口时，释放两键即可。

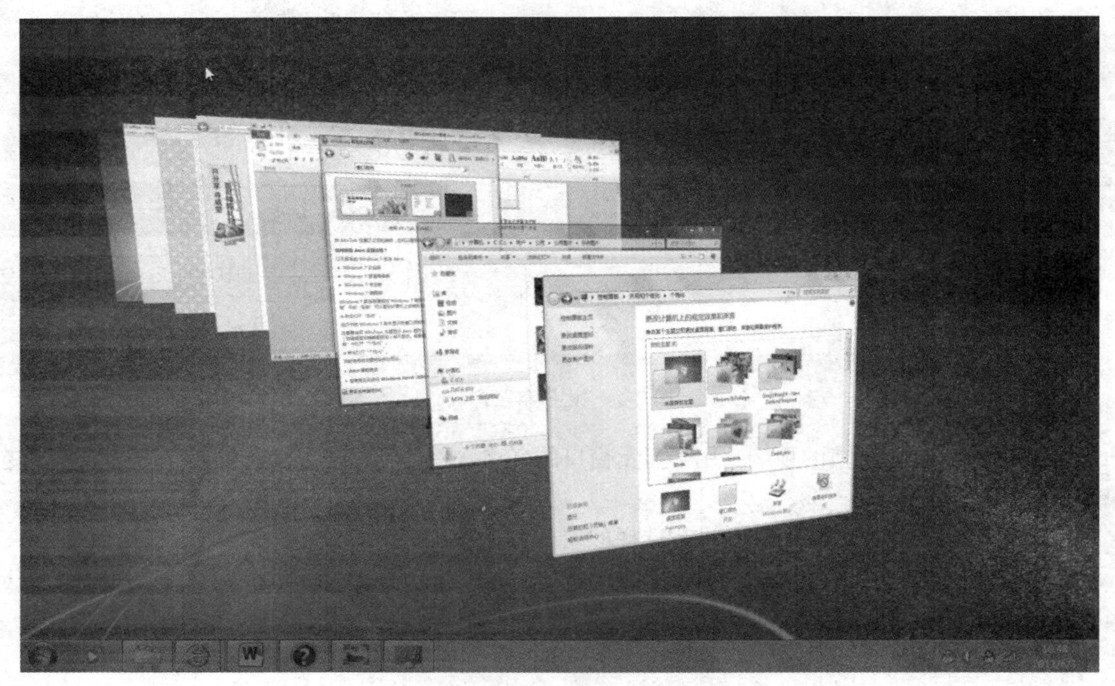

图 2-7 现有窗口 3D 缩略图

⑥排列窗口：当打开了多个窗口后，为了便于操作和管理，可将这些窗口进行排列。其方法是在任务栏的非按钮区右击鼠标，在弹出的快捷菜单中选择相应的排列窗口命令即可将窗口排列为所需的样式。

Windows 7 提供了以下 3 种排列方式可供用户选择。

- 层叠窗口：把窗口按打开的先后顺序依次排列在桌面上。
- 堆叠窗口：是指以横向的方式同时在屏幕上显示所有窗口，所有窗口互不重叠。
- 并排显示窗口：是指以垂直的方式同时在屏幕上显示所有窗口，窗口之间互不重叠。

⑦关闭窗口：关闭窗口的方法有多种，若是当前显示窗口，则可用以下方法。

- 单击窗口的关闭按钮；
- 双击窗口左上角控制图标；
- 使用快捷键 Alt + F4、Ctrl + W 等。

（3）对话框的组成

右击任务栏，选择“属性”打开如图 2-8 所示的对话框。对话框是特殊类型的窗口，可以提出问题，允许用户选择选项来执行任务，或者提供信息。与常规窗口不同，多数对话框无法最大化、最小化或调整大小，但是它们可以被移动。

①标题栏：用于显示对话框的名称。用鼠标拖动标题栏可移动对话框。

②复选框：列出可以选择的任选项，用户可以根据不同的需要选择一个或多个选项。复选框被选中后，在框中会出现一个“√”。

③下拉列表框：单击下拉列表框的向下箭头可以打开列表供用户选择，列表关闭时显示被选中的对象。

④选项卡：用于区别其他组类型的属性设置。

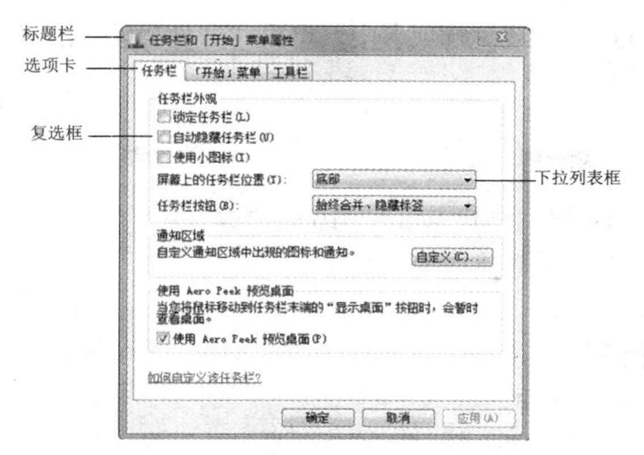

图 2-8　“属性”对话框

【例 2.6】　控制面板的使用。

控制面板是 Windows 系统工具中的一个重要文件夹，如图 2-9 所示，使用控制面板可以更改 Windows 的设置，而这些设置几乎包括有关 Windows 外观和工作方式的所有设置，并允许用户对 Windows 进行设置，使其适合用户的需要。

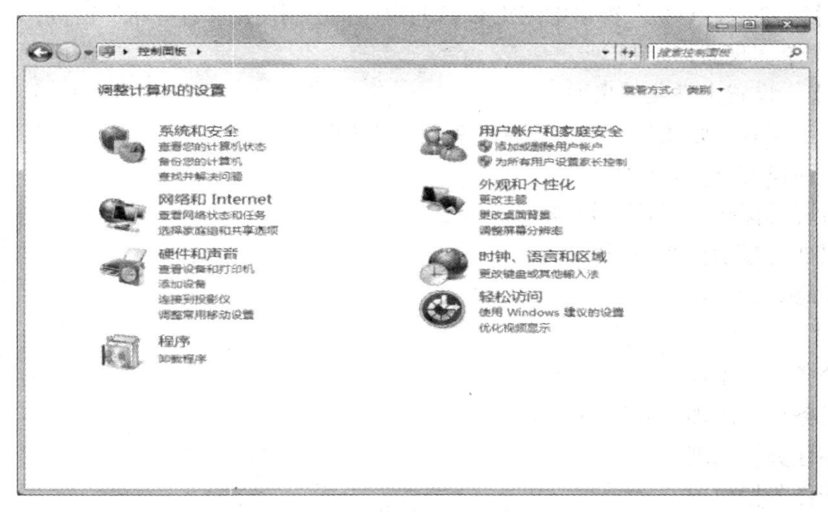

图 2-9　“控制面板”窗口

打开控制面板的方法有以下三种。

（1）单击“开始”按钮，在“开始”菜单中单击“控制面板”命令。

（2）在“资源管理器”窗口中，单击导航窗格中的“计算机”选项，然后单击工具栏上的“打开控制面板”按钮。

（3）执行【开始】|【所有程序】|【附件】|【系统工具】|【控制面板】命令。

【例 2.7】　磁盘管理。

将计算机的“D:”盘进行磁盘碎片整理和磁盘清理，具体步骤如下。

①打开“资源管理器”窗口，右击“D:”图标，选择“属性”命令，打开“属性”对话框。

②在“属性”对话框中的“工具”选项卡中，单击“立即进行碎片整理”按钮，打开“磁盘碎片整理程序”对话框。

③单击“分析磁盘”按钮，进行磁盘上碎片的百分比的检查，然后启动“碎片整理程序”。

④在“属性”对话框的“常规”选项卡中，单击“磁盘清理”按钮，启动磁盘清理程序，释放一部分磁盘空间。

四、实验任务

【任务一】　启动应用程序，创建 Word 2010 的快捷方式。

（1）启动画图、写字板、记事本等应用程序。

（2）启动 Word 2010 程序。

（3）打开 QQ 聊天程序。

【任务二】　窗口的基本操作。

（1）双击某一图标，练习打开、移动、缩放，最大化、最小化和关闭窗口，还原窗口。

（2）浏览窗口信息。

（3）平铺或层叠窗口：分别打开多个窗口（如“计算机”窗口、Word 2010、回收站等），练习平铺或层叠窗口。

（4）最小化所有窗口。

（5）切换当前窗口。

【任务三】　在“计算机”窗口中浏览 C 盘的内容，定制使用“计算机”窗口，通过【组织】|【布局】级联菜单实现窗口定制。

【任务四】　设置个性化的桌面。

（1）从网上下载一张图片，将桌面背景更改为该图片。

（2）更改窗口的颜色和外观。

（3）设置屏幕保护，时长 1 分钟。

（4）在桌面上显示控制面板图标。

（5）自动隐藏任务栏。

【任务五】　任务栏的操作。

（1）向任务栏中添加工具。

（2）向任务栏中添加快速启动图标。

（3）调整任务栏高度。

（4）改变任务栏位置。

（5）设置任务栏属性。

【任务六】　对话框的操作。

（1）打开一个对话框。

（2）练习对话框的移动、关闭。

（3）对话框中的求助方法。

实验 2　Windows 7 下文件与文件夹的操作

一、实验目的

1. 掌握“Windows 资源管理器”的使用。

2. 掌握查看或显示文件、文件夹的方法。
3. 掌握文件或文件夹的选定、创建、复制、移动、重命名、删除、创建快捷方式等操作。
4. 掌握搜索文件或文件夹的方法。
5. 了解文件、文件夹属性的意义和设置方法。

二、相关知识

文件管理是操作系统的基本功能之一。文件操作是最经常进行的操作，计算机用户必须对常用的文件操作非常熟悉。

1. 资源管理器

"资源管理器"以分层的方式显示计算机内所有文件的详细图表。使用资源管理器可以方便地浏览、查看、移动和复制文件或文件夹等。

2. 文件

文件是计算机系统中数据组织的基本单位，文件系统是操作系统的一项重要内容，它决定了文件的建立、存储、使用和修改等。

在计算机中，数据和程序都以文件的形式存储在存储器上。按一定格式建立在外存储器上的信息集合称为文件。在操作系统中用户所有的操作都是针对文件进行的，这就是"面向文件"的概念。

3. 文件夹

计算机是通过文件夹来组织管理和存放文件的，文件夹用来分类组织存放文件。可以将相同类别的文件存放在一个文件夹中。一个文件夹中还可以包含其他文件夹，在 Windows 7 中，文件的组织形式是树形结构。

4. 回收站

文件或文件夹的删除分两步进行：先将欲删除的对象放入回收站，这一步称作逻辑删除，如果需要还可以随时恢复；一旦确认对象不再需要，就在回收站中彻底删除，则对象不能再恢复，这一步称为物理删除。

三、实验演示

【例 2.8】 启动"资源管理器"，并了解"资源管理器"窗口的组成。

（1）启动资源管理器

启动"资源管理器"有两种方法，具体操作步骤如下。

①使用【开始】|【所有程序】|【附件】|【Windows 资源管理器】命令。

②右击开始按钮，在弹出的快捷菜单中单击"打开 Windows 资源管理器"命令。

（2）"资源管理器"的窗口组成

"资源管理器"的窗口如图 2-10 所示，其组成部件包括以下内容。

①"后退"和"前进"按钮。

单击"后退"按钮可以返回到前一个操作位置，"前进"则是相对于"后退"而言。

②地址栏。

显示当前文件或文件夹所在目录的完整路径。可以通过单击某个链接或键入位置路径来导航到其他位置。也可以通过在地址栏中键入 URL 地址来浏览 Internet，这样会将打开的文件夹替换为默认的 Web 浏览器。

③搜索框。

为了迅速搜索到要查找的文件或文件夹，可以在搜索框中输入文件名或其中包含的关键字，即时搜索程序就会立即开始搜索，满足条件的文件会高亮显示出来。

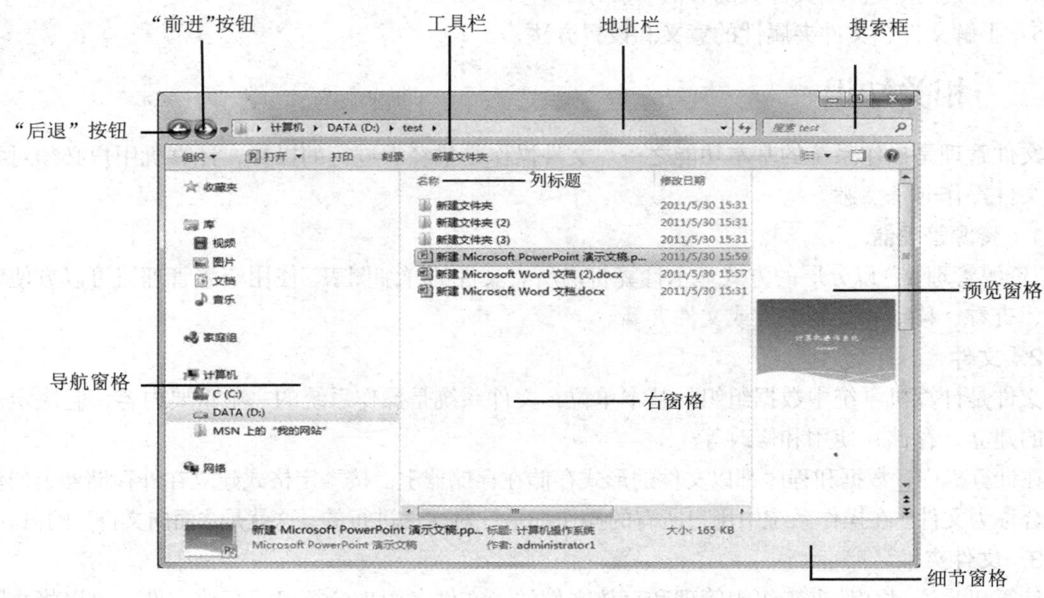

图 2-10 “资源管理器”窗口组成

④工具栏。

使用工具栏可以执行一些常见任务，如更改文件和文件夹的外观、将文件刻录到 CD 或启动数字图片的幻灯片放映等。工具栏的按钮可更改为仅显示相关的任务。

⑤导航窗格。

使用导航窗格可以访问文件夹、库、已保存的搜索结果，甚至可以访问整个计算机硬盘，并显示为文件夹的树形结构。

⑥右窗格。

又称为文件夹内容框，显示当前文件夹中的内容。

⑦细节窗格。

使用细节窗格可以查看与选定文件相关的最常见属性，如作者、上一次更改文件的日期以及可能已添加到文件的所有描述性标记等。

⑧预览窗格。

使用预览窗格可以查看大多数文件的内容。例如，如果选择电子邮件、文本文件或图片，则无须在程序中打开即可查看其内容，甚至可以在预览窗格中播放视频。如果看不到预览窗格，可以单击工具栏中的“预览窗格”按钮打开预览窗格。

【例 2.9】 “资源管理器”窗口的操作。

具体操作步骤如下。

（1）浏览文件夹中的内容

①直接在资源管理器的地址栏中输入文件夹的完整路径，以浏览文件夹内容。

②在导航窗格中单击文件夹左侧的▷符号，展开其下一级文件夹进行浏览。单击文件夹左侧的◢符号，可以将其下一级文件夹折叠起来。

（2）改变文件和文件夹在窗口中的显示方式

Windows 7 提供了 8 种显示方式，超大图标、大图标、中等图标、小图标、列表、详细信息、平铺和内容。

右击文件夹窗口空白处，在弹出的快捷菜单中选择“查看”命令；或者单击窗口工具栏“视图”按钮下拉三角，弹出如图 2-11 所示的菜单，在菜单中选择相应的选项即可。

（3）文件和文件夹的排序

右击文件夹窗口空白处，在快捷菜单中单击“排序方式”命令，默认情况下其子菜单中列出四种排序方式：按“名称”排序、按“修改日期”排序、按“类型”排序和按“大小”排序，如图 2-12 所示。针对每种排序方式，还可以选择“递增”或“递减”规律。

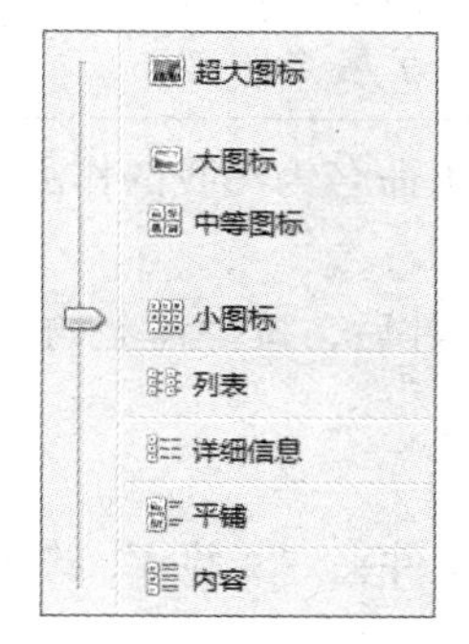

图 2-11　文件与文件夹视图选项

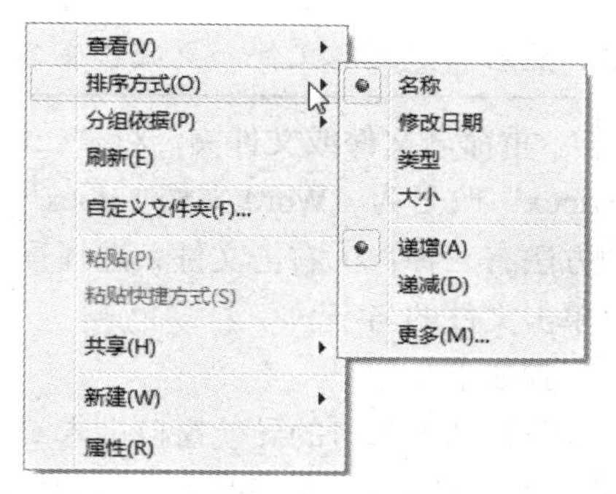

图 2-12　文件和文件夹排序方式

（4）修改文件夹查看选项

在资源管理器窗口中，执行【组织】|【文件夹和搜索选项】命令，弹出“文件夹选项”对话框，如图 2-13 所示。

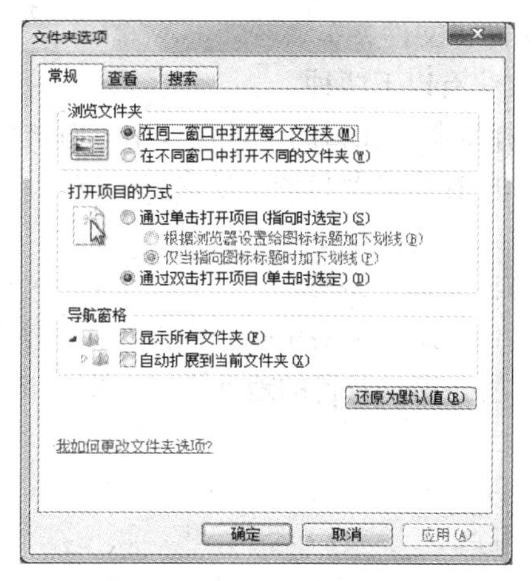

图 2-13　“文件夹选项”对话框

①在“常规”选项卡中，可以设置浏览文件夹的方式、打开项目的方式以及导航窗格。

②在“查看”选项卡中，可以进行文件和文件夹的高级设置。例如，在文件夹提示中显示文件大小信息，显示隐藏的文件、文件夹和驱动器，隐藏文件的扩展名等设置选项。

③在“搜索”选项卡中，可以进行搜索内容、搜索方式的设置。

【例 2.10】　创建新文件夹、文件。在 C:\新建一个文件夹，命名为“实验 4”，并在“实验 4”

文件夹中创建文件，文件名分别为 Myfile.docx，Yourfile.xlsx，Hisfile.txt。

具体操作步骤如下。

（1）通过资源管理器窗口的导航窗口进入 C:\根目录。

（2）单击工具栏上的“新建文件夹”命令，或者右击窗口空白处，在弹出的快捷菜单中选择“新建文件夹”命令。

（3）将“新建文件夹”改名为“实验 4”。

（4）双击“实验 4”文件夹，在窗口空白处右击，在弹出的快捷菜单中选择相应的应用程序命令，其中 *.docx 是 Word 2010 文件，*.xlsx 是 Excel 2010 文件，*.txt 是文本文件。

若新建的都是空白的文件，则可通过“文件夹选项”的设置，先显示所有文件的扩展名，然后新建文本文件，更改扩展名“.txt”为需要的扩展名即可。

【例 2.11】 重命名文件或文件夹。将“C:\实验 4”文件夹重命名为“我的作品集”，其中的文件“Myfile.docx”改名为“Word 文档 1.docx”。

重命名的方法有三种：①右击文件，选择重命名。②选定文件后，按键盘上的 F2 键。③单击文件后，再单击文件的名字。

具体操作步骤如下。

（1）通过资源管理器窗口的导航窗口进入 C:\根目录，单击文件夹“实验 4”的图标，再单击“实验 4”文字，将“实验 4”文字改为“我的作品集”。

（2）单击窗口其他地方，或按回车键确定文件夹名修改。

（3）单击“我的作品集”文件夹，在“我的作品集”窗口右击“Myfile.docx”，选择重命名，将名称改为“Word 文档 1.docx”。

（4）单击窗口其他地方，或按回车键确定文件名修改。

【例 2.12】 复制或移动文件（文件夹）。

（1）复制文件或文件夹的方法有以下两种。

①右击文件（文件夹），选择复制，在目的地址窗口中，右击窗口空白处，选择粘贴。

②同时打开文件（文件夹）所在窗口及目的地址窗口，按 Ctrl 键的同时，使用左键拖曳到目的地址窗口。

（2）移动文件或文件夹的方法有以下两种。

①右击文件（文件夹），选择剪切，在目的地址窗口中，右击窗口空白处，选择粘贴。

②同时打开文件（文件夹）所在窗口及目的地址窗口，按 Shift 键的同时，使用左键拖曳到目的地址窗口。

【例 2.13】 删除文件（文件夹）。

删除分为逻辑删除和物理删除。

（1）逻辑删除：将不需要的文件放入回收站，方法有以下三种。

①将文件（文件夹）拖曳入桌面上“回收站”。

②右击文件（文件夹），在打开的快捷菜单中选择“删除”。

③单击文件（文件夹），按下键盘上的 Delete 键将文件放入回收站。

（2）物理删除：将不需要的文件直接从硬盘上删除，方法有以下两种。

①单击文件（文件夹）后，按下键盘上组合键【Shift + Delete】。

②先将文件（文件夹）逻辑删除，然后打开回收站，在回收站中再次将其删除。

【例 2.14】　搜索文件或文件夹。

搜索的方法有以下两种。

（1）单击“开始”按钮，在“开始”菜单中的“搜索框”中输入相关的关键字，并按回车键。例如，输入“A*.jpg”，则搜索以 A 开头的 jpg 图像文件。

（2）使用“资源管理器”中的“搜索框”。例如，要求在 D 盘搜索出所有 mp3 音乐文件，则应先打开 D 盘，在 D:\窗口的“搜索框”内输入“*.mp3”，并按回车键。

【例 2.15】　为文件（文件夹）创建快捷方式。要求在特定文件夹中为某文件创建快捷方式，如为 D:\Programfiles\QQ.exe 创建快捷方式，放在 E:\。

为文件（文件夹）创建桌面快捷方式的方法有多种，以下列举两种：①右击文件（文件夹），在弹出的快捷菜单中选择【发送到】|【桌面快捷方式】；②用鼠标右键拖曳文件（文件夹）到桌面后，选择“在当前位置创建快捷方式”命令。

具体操作步骤如下。

（1）打开“计算机”的 E 盘。

（2）右击 E 盘窗口空白处，在弹出的快捷菜单中选择【新建】|【快捷方式】命令。

（3）在打开的对话框中输入对象的完整路径和文件名：D:\Programfiles\QQ.exe。

（4）单击“确定”按钮。

四、实验任务

【任务一】　启动资源管理器，使用导航窗格导航至“C:\windows”文件夹，将其窗口中的图标以“小图标”的方式显示，按“类型”排列图标，显示隐藏文件和文件夹，显示文件扩展名。

【任务二】　按如下要求完成文件与文件夹操作。

（1）在 E 盘新建一个文件夹，以“计算机练习”命名，在该文件夹下新建两个文件夹：文件夹 1、文件夹 2。

（2）在“文件夹 1”中新建四个文件：a.txt、b.docx、c.xlsx、a.rtf 和一个文件夹：e。

（3）打开文件 a.txt，输入文字“试题一”后保存。

（4）重命名文件夹“e”为“Win7 系统操作题”。

（5）复制“文件夹 1”中文件 a.txt、b.docx、c.xlsx、a.rtf 到“文件夹 2”，并将“文件夹 1“中的 a.txt、b.docx、c.xlsx、a.rtf 四个文件移动到“Win7 系统操作题”。

（6）将“Win7 系统操作题”下 a.txt 改名为“试题 1.txt”。将“试题 1”的属性设置为“隐藏”。

（7）再将“文件夹 2”的 4 个文件移动到“文件夹 1”；彻底删除“文件夹 2”，将“文件夹 1”中的 b.docx、c.xlsx、a.rtf 三个文件放入回收站。

（8）在“E:\计算机练习” 下搜索名为“试题”的文本文件，找到“试题 1.txt”，并为其创建快捷方式，放在 C 盘根目录下，改名为“试题 1”。

第3章 文字处理软件 Word 2010 实验

Word 2010 是 Microsoft 公司开发的 Office 2010 办公组件之一，主要用于文字处理工作。本章的主要目的是使学生熟练掌握 Word 2010 的使用，并能灵活运用其编辑文档，如文字编辑与格式排版；Word 中表格的应用；Word 中图形、图片、公式等非文字元素的插入与设置等。

实验 1　文字编辑与格式设置

一、实验目的

1. 掌握 Word 2010 的启动及退出方法。
2. 熟悉 Word 2010 工作窗口组成、Word 2010 各选项卡下功能组中的命令。
3. 熟练掌握文件的创建、保存、打开、关闭操作。
4. 熟练掌握并灵活运用 Word 2010 提供的文字编辑工具，如复制、剪切、查找、替换、撤销、恢复、格式刷等。
5. 熟练掌握在文档中对文本进行字体、段落、样式等常规格式设置。
6. 掌握文字的特殊格式设置，如上标、下标、文字边框、底纹、首字下沉、分栏、项目符号及编号等。
7. 掌握页眉、页脚、页码的使用。

二、相关知识

1. 文档操作

Word 2010 文档是一个以.docx 为扩展名的文件，其主要操作包括文件的创建、保存、关闭、打开、打印等，所有这些操作都可以在打开 Word 2010 后，在“文件”选项卡中进行命令选择。

2. Word 工作窗口

在打开 Word 2010 文件后，其工作窗口中顶部的文件菜单选项卡中包含使用 Word 2010 软件的所有命令，此外，还有方便用户操作的自定义的状态栏，位于窗口底部，可通过该栏显示或隐藏当前文档工作状态，如页码数、字数、插入状态还是改写状态、拼写和语法检查、视图、文档缩放比例。窗口右侧滑块顶部直接设有窗口拆分符，可将窗口拆分为两部分，以便同时查看文档的不同部分。

3. 文字编辑

文字编辑即文档的基本操作，主要包括在打开的 Word 文档中输入文字、复制并粘贴文字、移动文字、在长文档中查找或替换某些文字、当操作过程出现错误时撤销当前操作、当不需要撤销当前操作时恢复当前操作、当某文字需要应用与其他文字相同的格式时直接用格式刷将某文字的格式复制到其他文字上。

4. 文字基本格式设置

在文档中录入文字完成后，需要对文档中文本进行一些基本格式设置或排版，使文档具有较好的视觉效果。这些设置及排版主要包括字体设置，如字体、字号、文字颜色、文字效果、字符间距等；段落设置，如段首缩进、段前段后距离、段中行距、段落对齐方式、段落项目符号或项目编号；样式（一种包含多种格式设置的集合）应用，如标题样式、正文样式、清除样式。

5. 文档中出现的特殊排版

在实际写作过程中，文档中不可能只有文字，即使真的是纯文字，其出现形式也是多种多样的，如常见的文献引用上标“[1]”，考试试卷左侧边出现的密封线或删除线，加了边框或底纹的文字，某段文字分成多栏显示，某段文字首字符下沉几行，某些文字在同一行上分了两行显示，某些文字加了特殊的圈或拼音等，这些常见的中文版式需要用到 Word 中的几个特殊排版命令：上标、下标、边框底纹、首字下沉、分栏、中文版式、带圈字符、拼音指南等。

6. 文档页眉页脚

对常见的文档，如书籍、报告、简历，页眉上会设置一些小提示，页脚会设置页码或其他提示信息，而设置页眉页脚的方式有多种，最简单的莫过于直接双击页眉页脚处，常规方法则为在 Word 2010 界面中选择“插入”选项卡下“页眉和页脚”功能组中的命令。

三、实验演示

【例 3.1】　熟悉 Word 2010 工作窗口。

（1）启动 Word 2010，认识 Word 2010 工作窗口组成，并能熟练使用工作窗口的各组成部分。

具体操作步骤如下。

单击桌面左下角【开始】|【程序】|【Microsoft office】|【Microsoft Word 2010】，启动 Word 2010，认识图 3-1“Word 2010 工作界面”图所标示出来的几个点。

① 标题栏：显示正在编辑的文档的文件名以及所使用的软件名。其中还包括标准的“最小化”、“还原”和“关闭”按钮。

② 快速访问工具栏：常用命令位于此处，如“保存”“撤销”和“恢复”命令。在快速访问工具栏的末尾是一个下拉菜单，在其中可以添加其他常用命令。

③“文件”菜单选项卡：单击此按钮可以查找对文档本身而非对文档内容进行操作的命令，如“新建”“打开”“另存为”“打印”和“关闭”。

④ 功能区或命令区：工作时需要用到的命令位于此处，通常称呼为“功能组”命令区。功能区的外观会根据监视器的大小改变。Word 通过更改控件的排列来压缩功能区，以便适应较小的监视器。

⑤ 编辑窗口：显示正在编辑的文档的内容。

⑥ 滚动条：可用于更改正在编辑的文档的显示位置。

⑦ 状态栏：显示正在编辑的文档的相关信息，右击此处，可调整需要显示的状态信息。

⑧“视图”按钮：可用于更改正在编辑的文档的显示模式以符合用户的要求。

⑨ 显示比例：可用于更改正在编辑的文档的显示比例设置。

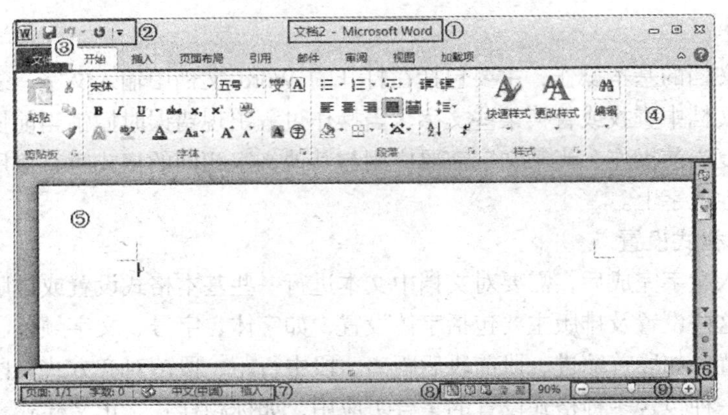

图 3-1 Word 2010 工作界面

（2）在新建的 Word 文档中，应对各选项卡下功能组中的命令有一定了解，当设置某种格式时，应能很快反应出其相应命令在哪个菜单选项卡下，如找到：设置字体、段落选项卡，设置页码、首字下沉选项卡，设置分栏、统计字数等所在选项卡、为了方便浏览文档所用选项卡。

【例 3.2】 文档创建、保存、关闭。

（1）新建 Word 文档。

具体操作步骤如下。

如【例 3.1】直接启动 Word 2010 即为新建一个 Word 文档；或者在打开的 Word 文档中，单击【文件】|【新建】命令，选择“空白文档”，再单击右边区域的“创建”按钮；或者直接在文档存放位置，右击空白处，在弹出的快捷菜单中选择【新建】|【Microsoft Word 文档】。

（2）为该 Word 文档命名为“3-演示一”，保存在“D:\”。

具体操作步骤如下。

单击 Word 2010 工作界面左上角的“保存”按钮，并做如图 3-2 所示的设置。

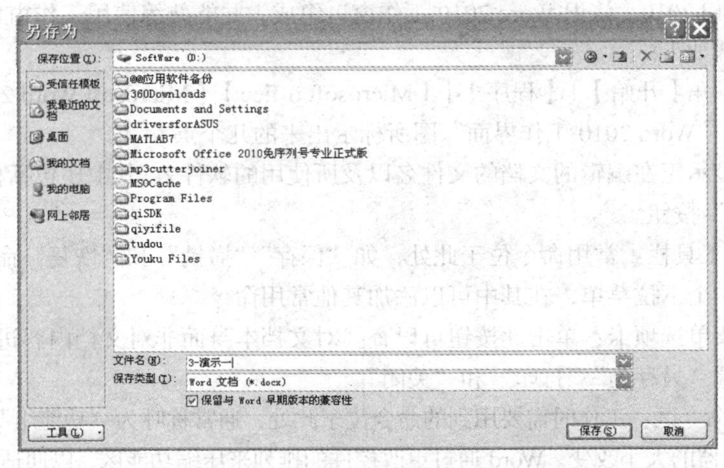

图 3-2 保存文件

【例 3.3】 在文档中输入文字并进行格式设置。

（1）在“3-演示一.docx”文档中输入以下文字，或将文本文档“计算机网络技术.txt”中的文字插入“3-演示一.docx”中，保存并关闭“3-演示一.docx”。

具体操作步骤如下。

① 打开“计算机网络技术.txt”，使用 Ctrl + A 组合键全选该文档中文字，使用 ctrl + C 组合键复制，使用 Ctrl + V 组合键粘贴到“3-演示一.docx”文档中。

② 单击文档左上角“保存”按钮，及右上角“关闭”按钮。

（2）从“D:\”打开文档“3-演示一.docx”，对标题段文字做如下设置：居中对齐，字体设为方正姚体，加粗，三号，粗波浪下划线。

具体操作步骤如下。

① 光标定位于标题段，单击【开始】|【段落】功能组命令，居中对齐文字。

② 选择标题段文字，单击【开始】|【字体】功能组右下角按钮，打开“字体对话框”进行进行如图 3-3 所示的字体设置。

（3）正文所有段落设为宋体，小四，首行缩进 2 字符，段前 0.5 行，行距为最小值 23 磅。

具体操作步骤如下。

① 选择除标题的所有正文段落，单击【开始】|【字体】功能组右下角按钮，打开“字体对话框”，“中文字体”选择“宋体”，“字形”为默认“常规”选项，“字号”选择“小四”。

② 正文所有段落仍处于选中状态，单击【开始】|【段落】功能组右下角按钮，打开“段落对话框”，按要求进行如图 3-4 所示设置。

图 3-3 字体设置

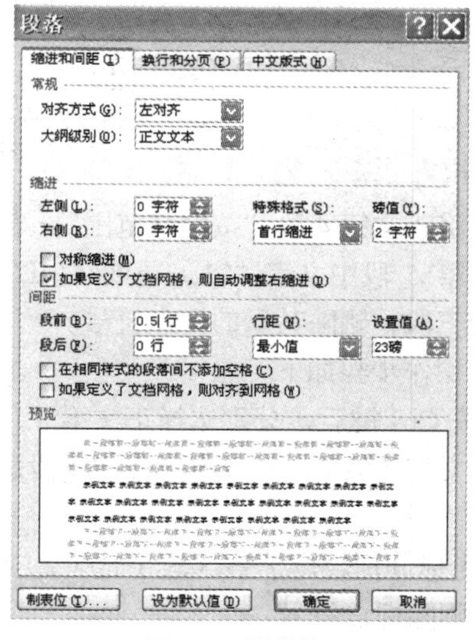

图 3-4 段落设置

（4）将正文第一段、第二段中字符“[1],[2]”设置为上标显示。

具体操作步骤如下。

选择段中字符“[1]”，并按 Ctrl 键，再选择字符“[2]”，单击【开始】|【字体】功能组中上标命令。

（5）用格式刷将正文第三段文字“计算机网络分类”格式设置成与标题格式一样。

具体操作步骤如下。

选择标题段文字后，单击【开始】|【剪贴板】功能组中格式刷命令 格式刷（即复制格式），再选择正文第三段文字“计算机网络分类”（即应用格式）。

（6）将文档中所有的“.”号替换成“。”号，并将文字“网络”的颜色改成红色。

具体操作步骤如下。

① 单击【开始】|【编辑】功能组中的命令 替换，在打开的“查找和替换”对话框中分别将“查找内容”和“替换内容”输入为“.”“。”，并单击“全部替换”按钮。

② 替换文字颜色时，操作方法相同，只需要将“查找和替换”对话框的“查找内容”和“替换内容”都输入“网络”，并单击“更多（M）<<”按钮，展开该对话框所有选项，单击“格式”按钮，选择“字体”命令，在打开的“字体”对话框中，将“字体颜色”选择为“红色”，并单击“确定”按钮，返回“查找和替换”对话框，如图 3-5 标注出来的五个点所示，应注意：如果将字体设置不小心设置在“查找内容”的文字上，应将光标重新放置于“查找内容”后的文本框内，单击该对话框下方的“不限定格式”命令。

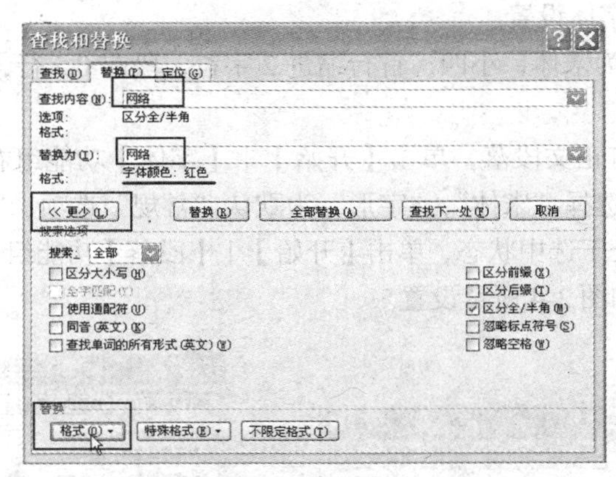

图 3-5 替换文字

（7）将正文第 4 段“按网络范围”，第 6 段“按交换方式”，第 8 段“其他分类”添加一种项目符号；第 5 段中文字“（1）局域网（LAN）；（2）城域网（MAN）；（3）广域网（WAN）。”分成独立的三段，删除其后的标点符号。

具体操作步骤如下。

① 按 Ctrl 键后，分别选择正文第 4 段“按网络范围”，第 6 段“按交换方式”，第 8 段“其他分类”文字，然后单击【开始】|【段落】功能组命令 中的小三角符号，选择一种合适的项目符号。

② 光标分别定位于第 5 段（1）（2）（3）之前，按回车键换行分段，用删除键 Backspace 或 Delete 键删除标点符号。

（8）将正文第 2 段分成等宽两栏，中间加分隔线，首字下沉 2 行，字体改成华文新魏。

具体操作步骤如下。

① 选择正文第二段，包含其回车号，单击【页面布局】|【页面设置】功能组中 命令的小三角符号，选择“更多分栏”，按要求设置。

② 光标定位于本段，单击【插入】|【文本】功能组中 命令的小三角符号，选择“首字下沉选项”，在打开的对话框中按要求设置。

（9）为文档插入页眉，奇数页页眉“计算机网络”为五号宋体，居中对齐，并为页眉段添加双细线下框线，偶数页页眉“Word 格式设置练习”为五号宋体，居中对齐，取消框线。页脚处居中插入罗马字页码。

具体操作步骤如下。

① 单击【插入】|【页眉和页脚】功能组的“页眉”命令，在打开的“页眉和页脚工具”中勾

选“奇偶页不同”，在第 1 页页眉中输入文字“计算机网络”，并选择该文字，单击【开始】|【段落】功能组中⊞▾命令的小三角符号，选择“边框和底纹”命令，做如图 3-6 所示的设置。字体设置（略）。

② 偶数页页眉取消横线的设置时，只需要在⊞▾命令的小三角符号中选择 无框线(N) 命令即可。

③ 光标定位于第一页任意处，单击【页眉和页脚工具设计】|【页眉和页脚】功能组中命令的小三角符号，选择【页面底端】|【普通数字 2】命令，使插入的页码居中对齐，然后再选择“设置页码格式...”命令，在打开的“页码格式”对话框中，做如图 3-7 所示设置。光标定位于第二页页码处，设置页码格式时，如图 3-7 所示，将“页码编号”一栏选择“续前节”。

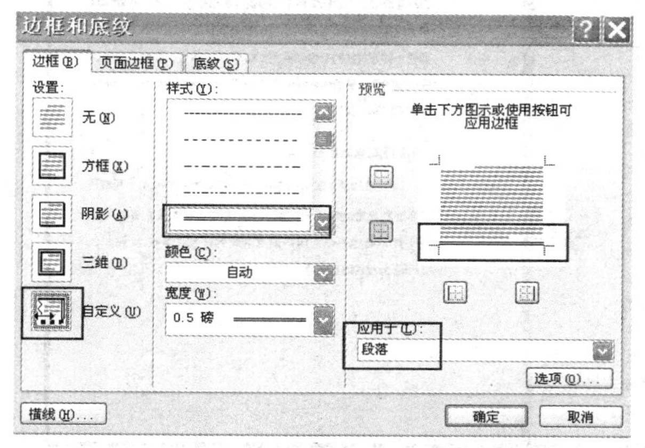

图 3-6　边框与底纹设置

图 3-7　页码格式设置

四、实验任务

【任务一】　在“E:\”新建一个 Word 文档，以自己的学号姓名 + 任务一 命名，插入“计算机网络技术.txt”中文字后，在不看实验步骤的前提下，自己完成“实验演示”部分【例 3.3】所有格式设置，保存文件，最终效果如图 3-8 所示。

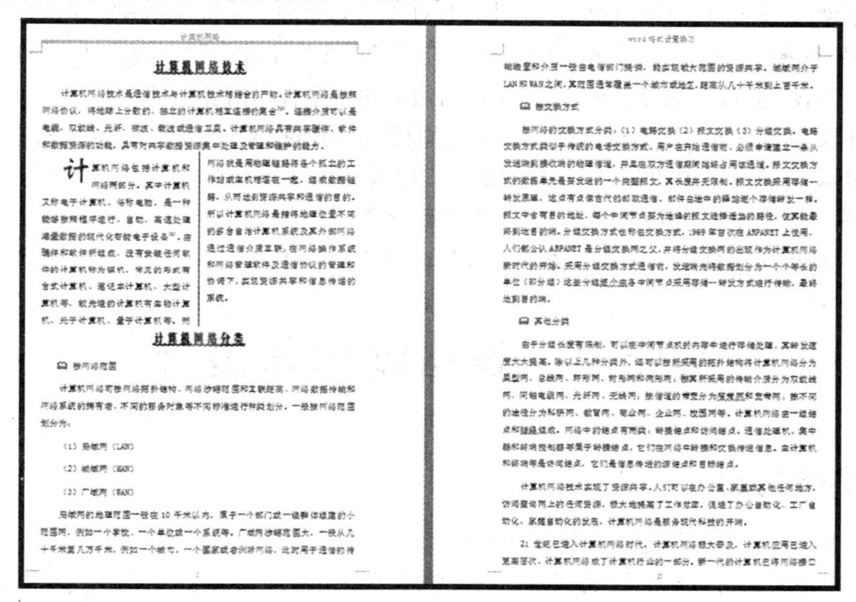

图 3-8　任务一样本

【任务二】 在“E:\”新建一个 Word 文档，以自己的学号姓名 + 任务二 命名，将“任务二原文.docx”中所有文字全部复制到该文档中，并进行如下设置，设置完成后请保存，并将【任务一】【任务二】最终文档提交给老师。效果如图 3-9 所示。

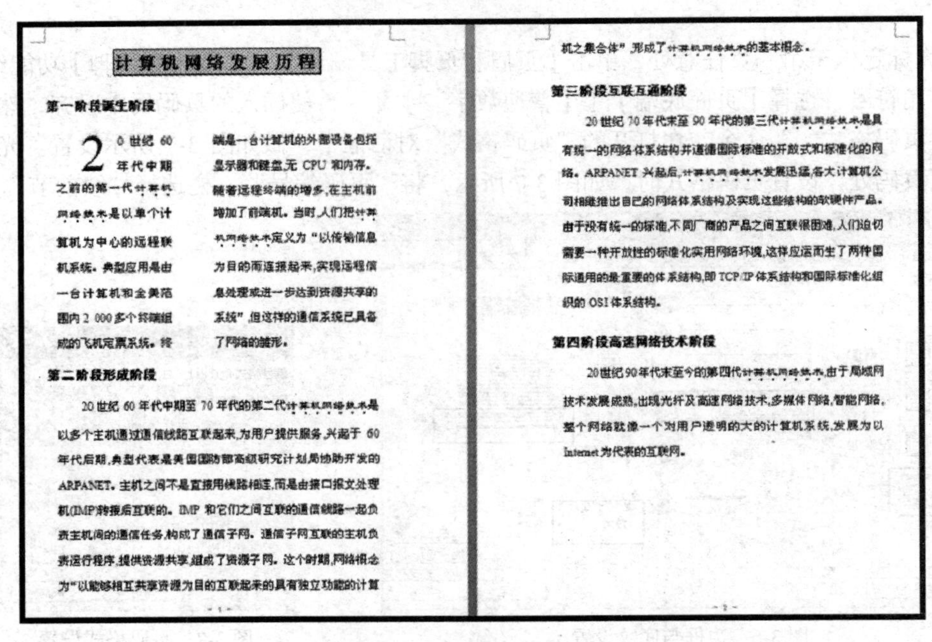

计算机网络发展历程

第一阶段诞生阶段

20 世纪 60 年代中期之前的第一代计算机网络技术是以单个计算机为中心的远程联机系统。典型应用是由一台计算机和全美范围内 2 000 多个终端组成的飞机定票系统。终端是一台计算机的外部设备包括显示器和键盘,无 CPU 和内存。随着远程终端的增多,在主机前增加了前端机。当时,人们把计算机网络技术定义为“以传输信息为目的而连接起来,实现远程信息处理或进一步达到资源共享的系统”,但这样的通信系统已具备了网络的雏形。

第二阶段形成阶段

20 世纪 60 年代中期至 70 年代的第二代计算机网络技术是以多个主机通过通信线路互联起来,为用户提供服务,兴起于 60 年代后期,典型代表是美国国防部高级研究计划局协助开发的 ARPANET。主机之间不是直接用线路相连,而是由接口报文处理机(IMP)转接后互联的。IMP 和它们之间互联的通信线路一起负责主机间的通信任务,构成了通信子网。通信子网互联的主机负责运行程序,提供资源共享,组成了资源子网。这个时期,网络概念为“以能够相互共享资源为目的互联起来的具有独立功能的计算机之集合体”,形成了计算机网络技术的基本概念。

-1-

第三阶段互联互通阶段

20 世纪 70 年代末至 90 年代的第三代计算机网络技术是具有统一的网络体系结构并遵循国际标准的开放式和标准化的网络。ARPANET 兴起后,计算机网络技术发展迅猛,各大计算机公司相继推出自己的网络体系结构及实现这些结构的软硬件产品。由于没有统一的标准,不同厂商的产品之间互联很困难,人们迫切需要一种开放性的标准化实用网络环境,这样应运而生了两种国际通用的最重要的体系结构,即 TCP/IP 体系结构和国际标准化组织的 OSI 体系结构。

第四阶段高速网络技术阶段

20世纪 90 年代末至今的第四代计算机网络技术,由于局域网技术发展成熟,出现光纤及高速网络技术,多媒体网络,智能网络,整个网络就像一个对用户透明的大的计算机系统,发展为以 Internet 为代表的互联网。

-2-

图 3-9 任务二样本

（1）将标题段文字“计算机网络发展历程”设置字体为华文中宋，二号，加粗，字符间距加宽 2 磅，居中对齐；将该段文字加阴影边框，设置底纹为黄色、深红色 20%样式的图案。

（2）将正文所有文字设置为宋体，四号，西文为 Times New Roman，四号。段首缩进 2 字符，左右各缩进 0.5 厘米。段前段后分别为 0.5 行，行距为 1.25 倍行距，段中允许分页。

（3）将标题 1 样式修改成：黑体、三号，左对齐，无缩进，无特殊格式，段前段后各 16 磅，行距为固定值 28 磅。并将修改后的标题 1 样式应用于正文文字段“第一阶段诞生阶段”“第二阶段形成阶段”“第三阶段互联互通阶段”“第四阶段高速网络技术阶段”。

（4）将正文中所有的“计算机网络”修改成“计算机网络技术”，字体改为隶书，并加着重号。

（5）将正文第一段“20 世纪 60 年代中期……已具备了网络的雏形。”分成两栏，第一栏栏宽 16 字符，间距 2 字符，并将该段距正文 0.5 厘米首字下沉 2 行。

（6）居中对齐插入页码，字体为黑体，五号，格式如“-1-”。

实验 2　表格制作与设计

一、实验目的

1. 掌握在 Word 中插入或创建表格的方法。

2. 熟练掌握表格边框与底纹的调整方法，包括表格边框线及底纹的设置、插入或删除行列、合并拆分单元格等。

3. 熟练掌握表格内文字格式设置、单元格及表格属性设置的方法。

4. 熟练掌握对表格中数据进行排序或用公式计算的方法。

5. 学会表格和文本的转换。

二、相关知识

表格是用于组织数据的有效工具之一，它是由行和列组成的单元格构成的。每一个单元格都代表一个段落，在单元格中用户可以随意添加文字和图形，另外，还可以对表格中的数字进行排序和计算。Word 2010 表格制作包括以下几个方面。

1. 创建表格

在已知文档中需要用到表格的地方用插入表格方式创建表格，该种表格一般来说是规则的，即选择【插入】|【表格】功能组下“插入表格…”命令，插入 *N* 行 *M* 列的表格。如果用“绘制表格”命令则可创建复杂不规则的表格，当然规则表格经过边框调整与设计，同样可以修改成复杂不规则的表格。如果用“快速表格”命令，则直接创建具有一定样式的表格，如果有符合要求的表格样式，这种方式无疑是最简单有效的一种表格创建方式。

2. 调整与编辑表格

一般来说，创建表格时都是规则的表格，而真正需要的表格并不规则，所以当一个基本表格创建完成后，需要对其边框、行、列进行适当调整，这些调整包括：表格边框线的操作、斜线表头、表格内底纹效果、单元格合并或拆分、行和列插入或删除、行高或列宽调整等。当表格的大框架设计好后，就可以在表格内输入文字和数据了，表格内输入的内容其字体格式与本章实验 1 中格式设置方法相同，表格内数据对齐方式则共有 9 种可选。

3. 表格中数据处理

前面讲过，每一个单元格都代表一个段落，因此表格中内容可与正常文本相互转换。Word 中表格工具虽然没有 Excel 那样强大，但对表格中数据进行排序、计算等常用功能已经能基本满足 Word 中表格的使用。

4. 表格样式

表格样式可简单理解为表格的整体效果，它涉及表格在文档页面中的总体布局、表格的列宽和行高以及边框和底纹、字体格式等，表格工具提供的内置样式有不少，若仍不能满足需求，可以直接在已有的内置样式上进行修改，或自己新建一种样式。

三、实验演示

【例 3.4】在文档中插入表格，并对表格行、列、单元格进行调整。

（1）新建一个 Word 文档，命名为“3-演示二.docx”，打开该文档后，输入标题“开题报告记录表”，宋体四号字，在第二行上插入一个 6 行 6 列的表格，要求自动调整表格。

具体操作步骤如下。

① 新建文档输入文字（略）。

② 输入文字后按回车键换行，光标定位于第二行，单击“插入”选项卡“表格”组中的“插入表格”命令，在打开的对话框中，列、行分别输入“6”，自动调整栏选择第一个选项“固定列宽，自动”。

（2）在表格最后一列插入两列，在任意一行后插入一行，并将第一行合并为一个单元格。

具体操作步骤如下。

① 将光标定位于表格内第一行最后一个单元格，单击【表格工具】|【布局】|【行和列】功能组中的命令，插入两列。

② 光标定位于表格内，单击【表格工具】|【布局】|【行和列】功能组中的命令，插入一行。

③ 选择表格的第一行 8 个单元格，单击【表格工具】|【布局】|【合并】功能组中合并单元格命令，使第一行合并。

说明：插入行时，也可将光标定位于某行表格之外，直接按回车键即可。删除某一列时，可选择某一列后，按下键盘上删除键（Backspace）即可。在输入行高与列宽的值时，可直接输入数据后按回车键，默认单位为厘米。

（3）删除一列，合并相应单元格，并调整前 6 行行高为 0.9 厘米，后两行行高自行调整。某些列列宽也要做相应调整，效果如图 3-10 所示。

具体操作步骤如下。

① 选择某一列，单击【表格工具】|【布局】|【行和列】功能组中删除命令的小三角符，选择“删除列”命令。

② 合并第二行第二三四列为一个单元格，合并第二行第六七列为一个单元格，合并第一列第三四五行为一个单元格，合并第六行，合并第七行第二三四列为一个单元格，合并第七行第六七列为一个单元格。

③ 选择前 6 行，单击【表格工具】|【布局】|【单元格大小】功能组中“高度”后文本框，输入“0.9”后按回车键。

④ 将鼠标移向第六行下边框线，将该边框线往下拖动到一定高度，同样的方法将第七行调高。

⑤ 列宽的调整在没做要求的情况下，可直接拖动边框线自由调整。

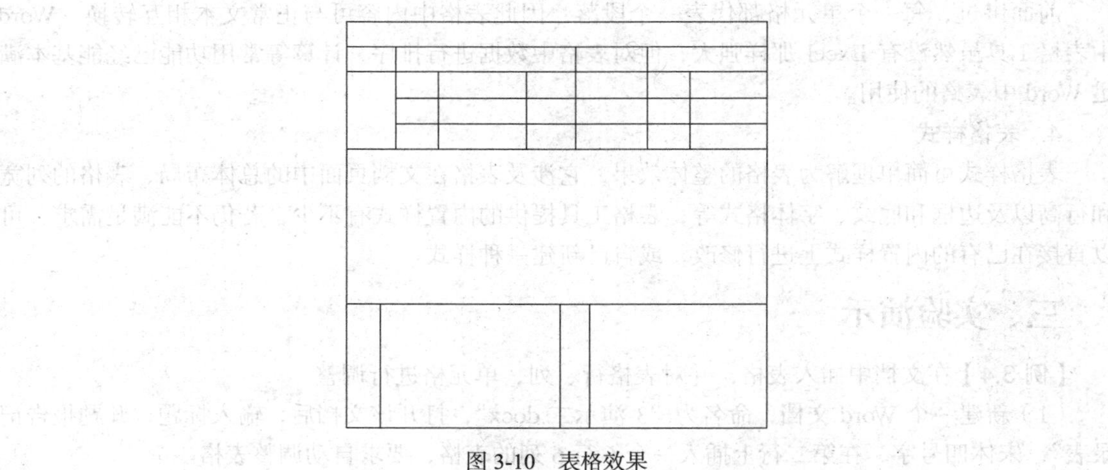

图 3-10 表格效果

【例 3.5】 设置表格格式及边框底纹效果。

（1）设置整个表格内文字格式为宋体五号，水平居中对齐，并按图 3-11 输入相应文本。第一行字符间距加宽 6 磅。文字方向请自行按图 3-11 设置。

具体操作步骤如下。

① 选中整个表格，单击【开始】|【字体】功能组中字体与字号文本框，选择宋体及五号，再单击【表格工具】|【布局】|【对齐方式】功能组中的命令，使表格中所有文字均水平居

中对齐。如图 3-11 所示，第六行中文字应设置为靠上两端对齐。

开 题 报 告 会 纪 要						
时间				地点		
与会人员	姓名	职称（职务）	姓名	职称（职务）	姓名	职称（职务）
会议记录摘要： 会议主持人： 会议记录人： 年　月　日						
指导小组意见			院（系）意见			

图 3-11　表格内文字格式

② 第一行输入文字后，选择文字，单击【开始】|【字体】右下角打开字体对话框，单击其“高级”选项卡，“间距”选择为“加宽”，“磅值”设置为“6 磅”。

③ 光标定位于第三行第一列，单击【表格工具】|【布局】|【对齐方式】功能组中的命令，将文字竖排显示，第七行第一列同样竖排显示，第七行第三列使用回车号使文字竖排显示。第六行右下角文字设置方式：输入文字后，选择文字，单击【开始】|【段落】功能组中的命令，使文字右对齐显示。

（2）设置表格外框线为红色 1.5 磅实线，内部框线为 0.5 磅红色实线，第一行下框线为 0.5 磅双实线，底纹为自定义的 RGB 颜色，R：252，G：236，B：28。

具体操作步骤如下。

① 选择整张表格，单击【表格工具】|【设计】|【绘图边框】功能组，“笔样式”选择实线，“笔画粗细”选择 1.5 磅，“笔颜色”选择红色，再单击【表格工具】|【设计】|【表格样式】功能组中“边框”命令的小三角符号，选择“外侧框线”。表格仍处于选中状态，重新将“笔画粗细”改为 0.5 磅，“笔颜色”选择红色。

② 单击【表格工具】|【设计】|【表格样式】功能组中“边框”命令的小三角符号，选择“内部框线”（若单击内部框线命令时，内部框线消失，再次单击内部框线即可重新应用设置好的框线）。

③ 光标定位于表格第一行，单击【表格工具】|【设计】|【绘图边框】功能组，“笔样式”选择双实线，“笔画粗细”选择 0.5 磅，“笔颜色”选择红色。

④ 单击【表格工具】|【设计】|【表格样式】功能组中“边框”命令的小三角符号，选择“下框线”。在“底纹”命令的小三角符号下选择【其他颜色】|【自定义】，在打开的对话框中输入 RBG 的值。

（3）表格设计完成后，在当前页最后两行输入宋体五号文字：“注：此表由学生本人填写，一式三份，一份留院（系）里存档，指导老师和本人各保存一份。”最终效果如图 3-12 所示。

具体操作步骤如下。

若当前页底部没有空白，应适当调整最后两行行高，而非缩放表格。

开题报告记录表

<table>
<tr><td colspan="7">开 题 报 告 会 纪 要</td></tr>
<tr><td>时间</td><td colspan="3"></td><td>地点</td><td colspan="2"></td></tr>
<tr><td rowspan="3">与会人员</td><td>姓名</td><td>职称（职务）</td><td>姓名</td><td>职称（职务）</td><td>姓名</td><td>职称（职务）</td></tr>
<tr><td></td><td></td><td></td><td></td><td></td><td></td></tr>
<tr><td></td><td></td><td></td><td></td><td></td><td></td></tr>
<tr><td colspan="7">会议记录摘要：
会议主持人：
会议记录人：
年 月 日</td></tr>
<tr><td>指导小组意见</td><td colspan="2"></td><td>院（系）意见</td><td colspan="3"></td></tr>
</table>

注：此表由学生本人填写，一式三份，一份留院（系）里存档，指导老师和本人各保存一份。

图 3-12　实验演示样表一

【例 3.6】　【例 3.5】所制作的文档最后插入分页符，在第二页中制作如图 3-13 所示表格，字体不做要求，表格要求：居中对齐，默认单元格左边距为 0.5 厘米，上下右边距为 0 厘米，默认单元格间距为 0.04 厘米。用公式计算小计列、总计行内容，计算所得数据应有人民币符号和千分位分隔符，整数表示。将表格前 7 行按“编号”字段进行排序，最终效果如图 3-14 所示。

电脑配件购买清单

编号	名称	单价	数量	小计
BH005	显示器	1200	7	
BH006	主板	500	8	
BH003	CPU	1100	6	
BH002	显卡	400	56	
BH004	硬盘	650	7	
BH001	内存	280	5	
BH004	光驱	180	16	
总计				

日　期：2016-06-14

购买人：张三

图 3-13　实验演示样表二

编号	名称	单价	数量	小计
BH001	内存	280	5	￥1, 400
BH002	显卡	400	56	￥22, 400
BH003	CPU	1100	6	￥6, 600
BH004	硬盘	650	7	￥4, 550
BH004	光驱	180	16	￥2, 880
BH005	显示器	1200	7	￥8, 400
BH006	主板	500	8	￥4, 000
总计				￥50, 230

图 3-14　样表二效果

具体操作步骤如下。

（1）按图 3-10 输入表格标题后，插入一个 5 列 8 行的表格，选择表格后，单击【表格工具】|【布局】|【表格】功能组的“属性”命令，在打开的“表格属性”对话框中“对齐方式”栏选择“居中”，“文字环绕”选择“无”。

（2）单击【表格工具】|【布局】|【对齐方式】功能组中的“单元格边距”命令，在打开的“表格选项”对话框中做如图 3-15 所示设置。

（3）光标定位于第二行第五列，计算显示器价格小计：单击【表格工具】|【布局】|【数据】功能组中“公式”命令 *fx*，按图 3-16 所示进行设置。

（4）选择该单元格并复制，再选择小计列第三到七行进行粘贴，然后按键盘 F9 键对公式进行更新。

（5）选择表格前七行，单击【表格工具】|【布局】|【数据】功能组中“排序”命令，在打开的“排序对话框”中勾选“有标题行”，“主要关键字”选择“编号”，“类型”选择“拼音”“升序”。

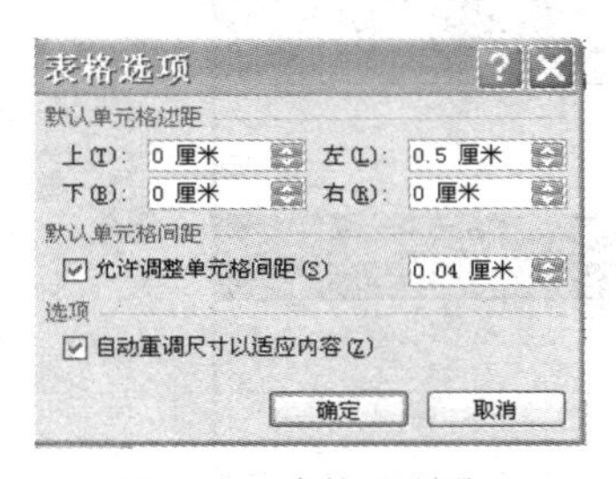

图 3-15　表格选项设置

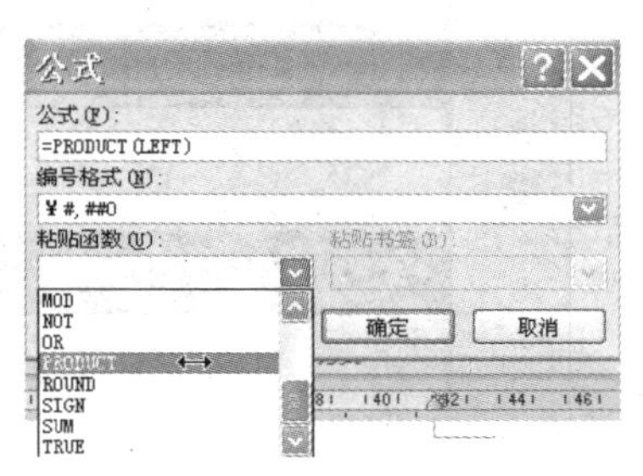

图 3-16　表格公式选择

四、实验任务

【任务一】　建立一个 Word 文档，以自己的学号姓名 + 任务一命名，存放于 E:\，打开该文档，页面布局的纸张方向为横向。制作如图 3-17 所示表格。要求：

（1）标题宋体四号加粗，表格内标题行宋体五号加粗，添加蓝色底纹。

（2）第三、五、七列“用途”内容添加浅绿色底纹，最后一行添加浅黄色底纹。

（3）表格外部框线为 3 磅的粗细线，表格内标题行下边框为 0.5 磅双细线。

（4）财务费用、管理费用、销售费用的小计金额及总费用，请用公式计算。

日常费用月报表

制表日期：

编号	日期	财务费用		管理费用		销售费用		总费用
		用途	金额（元）	用途	金额（元）	用途	金额（元）	
1	2016-12-3	利息支出	200.00	劳动保险费	7580.00	广告费	3600.00	
2	2016-12-6	汇兑损失	190.00	工会经费	260.00	差旅费	1000.00	
3	2016-12-10		0.00	咨询费	8300.00	运输费	2000.00	
4	2016-12-15		0.00	技术开发费	2070.00	包装费	300.00	
5	2016-12-22	银行手续费	500.00	业务招待费	630.00	装卸费	800.00	
6	2016-12-25		0.00	待业保险费	1140.00	展览费	500.00	
小计								

制表人：

图 3-17　表格实验任务一样表

说明：【任务一】计算总费用时可用公式 = A + B+C 计算，其单元格名称与 Excel 单元格命名相同，若对 Excel 单元格命名方式不了解，也可先分别将计算所得三个小计金额定义为书签 aaa，bbb，ccc，然后以书签名代替单元格名称。定义书签的方式：先选择需要定义成书签的文字，然后单击【插入】|【链接】|【书签】命令，在打开的“书签对话框”中输入书签名，单击“添加”按钮。

【任务二】 请在【任务一】文档的第二页，自行设计一张个人简历表格，纸张方向为纵向。表格设计要求美观大方，并输入自己进入大学后的个人简历信息。图 3-18 作为参考。

<table>
<tr><td colspan="7">某某大学个人简历表</td></tr>
<tr><td>姓名</td><td></td><td>性别</td><td></td><td>出生年月</td><td></td><td rowspan="4">照片</td></tr>
<tr><td rowspan="3">重要信息</td><td>专业班级</td><td colspan="4"></td></tr>
<tr><td>QQ</td><td colspan="2"></td><td>宿舍号</td><td></td></tr>
<tr><td>联系电话</td><td colspan="2"></td><td>户籍地</td><td></td></tr>
<tr><td colspan="7">爱好或特长</td></tr>
<tr><td colspan="7"></td></tr>
<tr><td colspan="7">自我评价</td></tr>
<tr><td colspan="7"></td></tr>
</table>

图 3-18　个人简历样表

实验 3　图文混排

一、实验目的

1. 熟练掌握图片、剪贴画在 Word 文档中插入、编辑、格式设置的方法。
2. 熟练掌握文本框、艺术字的插入及应用。
3. 熟练掌握形状、SmartArt 图形的插入、编辑、格式设置的方法。
4. 熟悉公式、符号的插入。
5. 熟练掌握页面设置的方法。

二、相关知识

要想制作精美文档，仅有文字与表格是远远不够的，还需要图形、图片、艺术字等非文本元素来增加文档的美感，此外，好的页面布局也能让人眼前一亮，总之文档图文并茂肯定要比纯文字更具吸引力。

1. 页面设置

用户可根据实际需要对文档的页面格式进行设置。设置主要包括文字方向、页边距、纸张方向、纸张大小、页面背景、主题效果等。在设置一篇图文并茂的文档时，常用到横向纸张、加页面背景或页面边框等内容。

2. 插入图片、剪贴画

为了美化文档，在 Word 文档中可以插入各种类型格式的图片。剪贴画则由 Word 提供，它们在插入文档中后，Word 会提供一定的图片工具，以便对其进行修饰调整以适应整个文档的美观需求。比如，可以重新调整图片的高度、对比度、大小、边框样式、位置等。

3. 插入形状、SmartArt 形状

用户可以在文档中添加一个形状，可用的形状包括线条、基本几何形状、箭头、公式形状、流程图形状、星、旗帜和标注，用户可以将这些单个的形状通过绘图画布组成一个更为复杂的形状，当然也有现成的复杂形状，如 SmartArt 形状。添加一个或多个形状后，用户可以在其中添加文字、项目符号、编号和快速样式。

4. 插入文本框、艺术字

文本框可以看作是特殊的图形对象，主要用来处理文档中的特殊文本。利用文本框可以将文本、图形、表格等框起来整体移动，便于在页面中精确定位。艺术字是一种包含特殊文本效果的绘图对象，这种文字富于艺术色彩，让人赏心悦目。文本框和艺术字均为图片形文字，Word 为它们提供了几乎相同的格式工具，以便调整使之适应文档需求，如边框样式、底纹、阴影效果、三维效果、位置大小、排列等。

5. 插入公式、符号

数学公式在编辑数学方面的文档时使用很广泛。如果直接输入公式，比较繁琐而且浪费时间，容易输错，利用数学公式可以直接输入数学符号，快速、便捷。Word 提供的公式工具则可以对公式直接进行编辑以适应所需格式。而一些特殊符号如“❶§¥”则在任何文档中均有一定应用，这些符号完全可以当成文字一样使用，它的存在丰富了文档界面。

三、实验演示

【例 3.7】 新建一个 Word 文档，命名为“3-演示三.docx”，打开文档后按图 3-19 所示进行编辑。

具体操作步骤如下。

（1）光标置于第一行，单击【插入】|【文本】功能组中的艺术字命令的小三角符号，选择“艺术字样式 15”，在打开的“编辑艺术字文字”对话框中，输入文字，并调整字体字号；然后选择该艺术字，菜单选项卡中会出现【艺术字工具】|【格式】选项卡，更改其形状为“细上弯弧”，形状轮廓改为“黄色”，阴影效果改为【投影】|【阴影样式 2】，自动换行改为“嵌入型”，并将该段设置为居中对齐。

（2）在第二行上输入图 3-19 所示文字，光标定位于第三行，单击【插入】|【插图】功能组中的 SmartArt 命令，在打开的“选择 SmartArt 图形”对话框中，选择“重点流程”图，其文本框内输入图 3-19 所示文字，图片可从网上下载 png 格式的相应图片插入。

（3）光标定位于第四行，单击【插入】|【插图】功能组中形状命令的小三角符号，选择“新建绘图画布”命令，然后再选择图 3-19 所示基本形状，在画布中按下鼠标左键并拖动，绘制图形，其中用到的形状有：圆角矩形、矩形、菱形、箭头、肘形箭头连接符、文本框（文本框格式设置：“形状填充”改为“无填充颜色”，“形状轮廓”改为“无轮廓”）。用鼠标在画布中拖动出一个虚框选中所画形状，可以对它们进行“对齐”操作，使所画一列形状“左右居中”对齐，以便画箭头时连接点能自动连接上。

（4）换到下一行，输入图 3-19 所示文字后，换行，插入“绘图画布”，在画布中用【插入】|【插图】|【形状】提供的基本形状绘制出“哆啦 A 梦”头像，所用基本形状有：椭圆、弧形、直线。

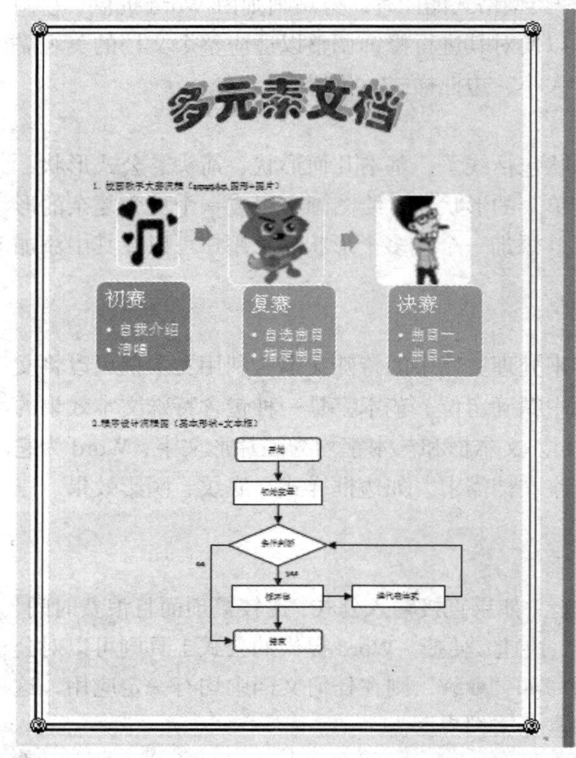

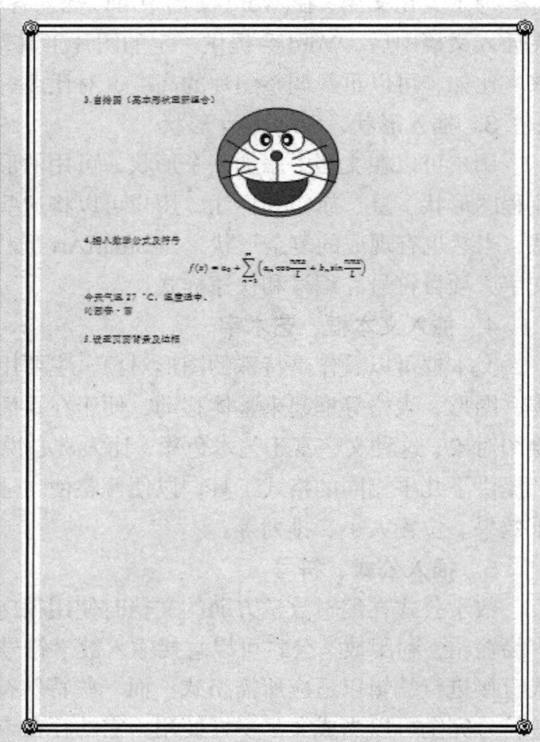

图 3-19　演示三样本

① 先画最外层圆，选择“椭圆”形状后，按住 Ctrl 键，在画布上拖动鼠标，即画出正圆，并填充蓝色；

② 然后使用“椭圆”形状画内部椭圆，填充白色；

③ 再画两个眼睛，同样使用“椭圆”形状，画相同的形状时，可用 Ctrl + D 组合键进行复制，按图 3-19 所示为不同的椭圆填充白色或黑色；

④ 接下来画椭圆鼻子，填充红色。在画直线时，可按下 Alt 键以便调整长度和方向；

⑤ 嘴巴由两条弧线组成，在画弧线时可用鼠标移动弧线首尾两端小菱形，以调整弧度；并且要将上面的弧线填充白色，下面的弧形填充红色，且还要选择下面的弧形，右击鼠标，在打开的快捷菜单中选择【叠放次序】|【下移一层】将其置于上面弧形的下方，以遮盖多余的红色；

⑥ 然后再使用直线画胡须；

⑦ 最后用鼠标在画布中拖动出一个大的虚框，选中所有该画布中的形状，在选中的形状上单击鼠标右键，在打开的快捷菜单中选择【组合】|【组合】命令，然后可将组合的图形用鼠标拖出画布以外，将画布用 Delete 键删除。并设置组合图形的格式为“嵌入”。

（5）在下一行输入图 3-19 所示文字，光标定位再下一行，单击【插入】|【符号】功能组中公式命令π，选择“内置”公式“傅里叶级数”，光标再下一行，其中的摄氏度符号依然为公式中的符号，单击【插入】|【符号】功能组中公式命令π的下拉三角符号，选择“插入新公式”，

在打开的【公式工具】|【设计】|【符号】功能组中就有“℃”。下一行中居中位置的大圆点是“符号”命令中“普通文本”字体中的“加重号”，其字符代码为 149，如图 3-20 所示。

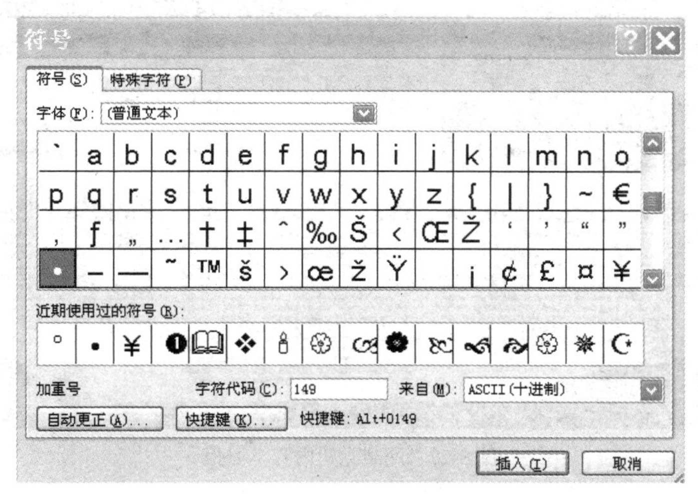

图 3-20　特殊符号

（6）单击【页面布局】|【页面背景】功能组中页面颜色命令的小三角符号，在展开的颜色选项中，可选择一种单一的颜色，也可选择“填充效果”，使用“渐变”色，“纹理”色，“图案”色，自定义的“图片”色。再单击“页面边框”命令，在打开的【边框和底纹】|【页面边框】选项卡中，“设置”栏选择“方框”，“样式”栏选择一种艺术型边框，“宽度”磅数稍减，“颜色”适当调整，如图 3-21 所示。

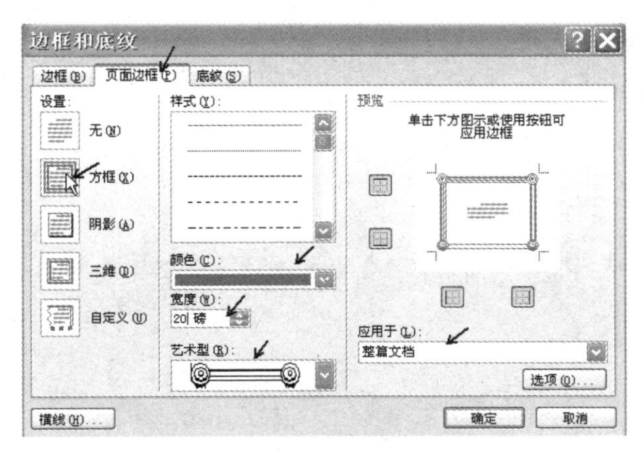

图 3-21　页面边框设置

四、实验任务

【任务一】　新建一个 Word 文档，输入一种艺术字标题后，画出【实验演示】部分的“程序流程图”，并将所有形状进行组合，删除画布，位置改为“顶端居左，四周型文字环绕”。

【任务二】　请以“2017 年湘科院元旦晚会”为主题，设计：简报、宣传册、节目单等。要求：将本次实验及前两次实验所学知识进行综合应用，所设计出来的文档效果应美观大方、赏心悦目；页面布局、纸张大小、纸张方向、页边距、均不做要求。可参考图 3-22 网载党建内容学习报。

图 3-22　网载党建内容学习报

说明:【任务二】图 3-22 为网载党建内容学习报，仅做参考。若要排版出格式相对规则、内容丰富的简报、学习报，可使用表格工具进行规划，然后在相应的大单元格填入内容。

第 4 章
电子表格处理软件 Excel 2010 实验

电子表格处理软件 Excel 2010 是微软公司推出的 Microsoft Office 2010 软件中的一员，是一种专门用于数据处理和报表制作的应用软件，主要用于日常的数据统计工作，如账务报表、销售统计表、年度汇总表和各种图表等，具有强大的数据计算和汇总功能。本章的主要目的是使学生熟练掌握 Excel 的使用方法，并熟练运用 Excel 制作电子表格。本章的主要内容包括 Excel 的基本操作、公式与函数的应用、图表操作及数据管理操作等。

实验 1　Excel 2010 的基本操作

一、实验目的

1. 熟悉 Excel 的工作界面及基本操作方法。
2. 掌握 Excel 工作表的格式化方法。

二、相关知识

1. Excel 工作簿

Excel 2010 工作簿是一个以 .xlsx 为扩展名的文件，其主要操作包括工作簿的创建、保存、关闭、打开、打印等，所有这些操作都可以在打开 Excel 2010 后，在“文件”选项卡中进行命令选择。

2. Excel 工作窗口

在打开 Excel 2010 工作簿后，其工作窗口由以下部分组成：快速访问工具栏、标题栏、窗口控制按钮、选项卡、功能区、名称框、编辑栏、工作区、行号、列号、工作表标签、视图方式和页面显示比例等。

3. Excel 工作表

一个工作簿由若干张工作表组成，默认有 3 张工作表。工作表是一个二维的电子表格，由若干行和若干列组成。工作表的常用操作有：插入、删除、移动或复制、隐藏与取消隐藏、重命名、显示或隐藏网格线或标题等。

4. 单元格及单元格区域

单元格是工作表中的一个小方格。单元格区域指的是选中的单个或多个单元格。在对工作表进行操作之前，必须选定某一个或多个单元格作为操作对象。单元格或单元格区域的常用操作有：

选择、插入、删除、移动或复制、合并等。

5. 数据录入

在 Excel 中，单元格中存放的数据主要有 3 种类型：数值、文本、日期。一般的数据可以直接输入，有规律的数据（如等差数列、等比数列、系统预定义的填充序列以及用户自定义的新序列等），可以利用填充柄（活动单元格右下角的小方块）快速填充。

6. 格式化操作

在工作表中输入数据后，可以对数据进行格式设置。格式设置包括：字符的字体、字号、颜色等设置；单元格和整个表格的对齐方式、行高、列宽的设置及边框与底纹的修饰；数字格式的设置等。

三、实验演示

【例 4.1】 启动 Excel 2010，熟悉 Excel 2010 窗口的组成。

（1）启动 Excel 的有以下两种方法。

①选择【开始】|【所有程序】|【Microsoft Office】|【Microsoft Excel 2010】命令。

②双击桌面上的 Microsoft Excel 2010 快捷图标。

（2）熟悉 Excel 2010 窗口的组成。

启动 Excel 2010 后，观察了解 Excel 2010 工作界面的组成，如图 4-1 所示。

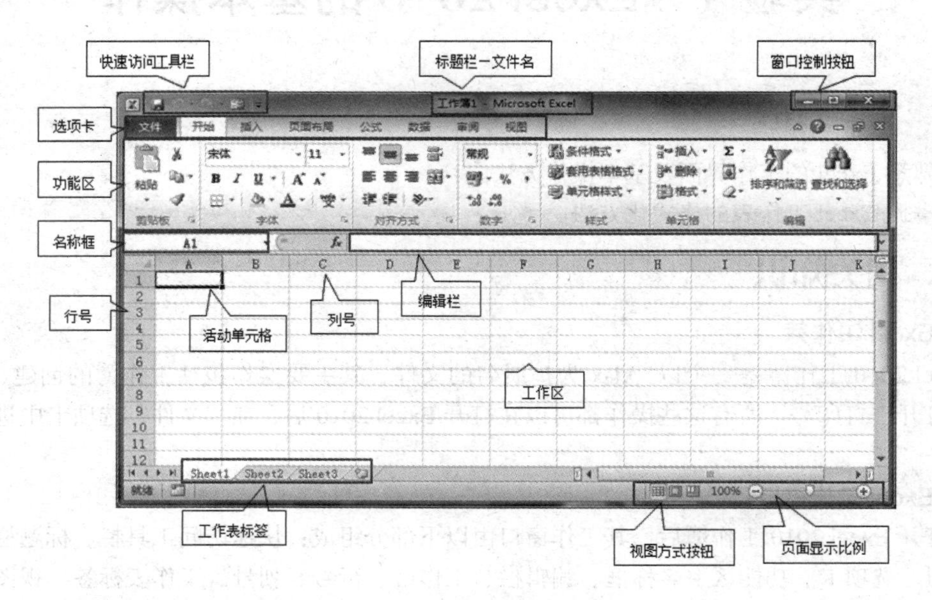

图 4-1 Excel 2010 工作界面

【例 4.2】 创建、保存、关闭工作簿以及退出 Excel 2010。

具体操作步骤如下。

（1）启动 Excel 时会自动新建一个工作簿文件，文件名默认为“工作簿 1.xlsx”。

（2）在“工作簿 1.xlsx”的工作表 Sheet1 中输入如图 4-2 所示的数据，然后选择“文件”菜单选项卡中的“保存”命令，位置选择“E 盘”，文件名为“学生成绩表 .xlsx”（文件类型默认为.xlsx）。

上述存盘操作也可以通过单击快捷访问工具栏中的“保存”按钮实现。

（3）选择【文件】|【关闭】命令，可以关闭该工作簿。

（4）选择【文件】|【退出】命令，可以退出 Excel 2010。

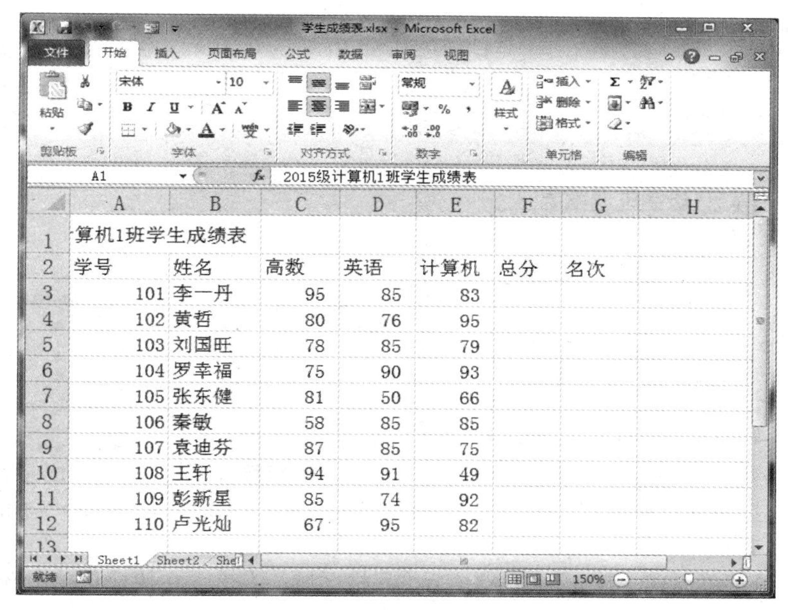

	A	B	C	D	E	F	G	H
1	算机1班学生成绩表							
2	学号	姓名	高数	英语	计算机	总分	名次	
3	101	李一丹	95	85	83			
4	102	黄哲	80	76	95			
5	103	刘国旺	78	85	79			
6	104	罗幸福	75	90	93			
7	105	张东健	81	50	66			
8	106	秦敏	58	85	85			
9	107	袁迪芬	87	85	75			
10	108	王轩	94	91	49			
11	109	彭新星	85	74	92			
12	110	卢光灿	67	95	82			

图 4-2　在工作表中输入数据

【例 4.3】　打开所建立的“学生成绩表.xlsx”工作簿文件。

具体操作步骤如下。

（1）启动 Excel 2010。

（2）选择【文件】|【打开】命令。

（3）选择文件位置为“E 盘”，文件名为“学生成绩表 .xlsx”，单击“打开”按钮，打开“学生成绩表 .xlsx”文件。

【例 4.4】　对工作表 Sheet1 进行格式化处理。

1．操作要求

（1）选中 A1～G1，将选中的单元格合并且居中，设置第 1 行标题行“2015 级计算机 1 班学生成绩表”的字体为黑体、字号为 18 磅。

（2）设置第 2 行表头部分（A2～G2）的字体为宋体、绿色、14 磅，填充淡黄色底纹。

（3）其他单元格字号设置为 12 磅。

（4）所有单元格居中对齐。

（5）为工作表设置边框，注意外边框为粗实线。

格式化后的效果如图 4-3 所示。

2．具体操作过程

（1）选中 A1～G1，将选中的单元格合并且居中，设置第 1 行标题行“2015 级计算机 1 班学生成绩表”的字体为黑体、字号为 18 磅。

具体操作步骤如下：

① 对 A1:G1 单元格进行合并。

合并单元格主要有以下两种方式。

方式 1：选项卡方式。首先选中 A1:G1 单元格区域，再单击“开始”选项卡“对齐方式”组中的“合并后居中”下拉按钮，在打开的下拉菜单中单击“合并后居中”选项，如图 4-4 所示。

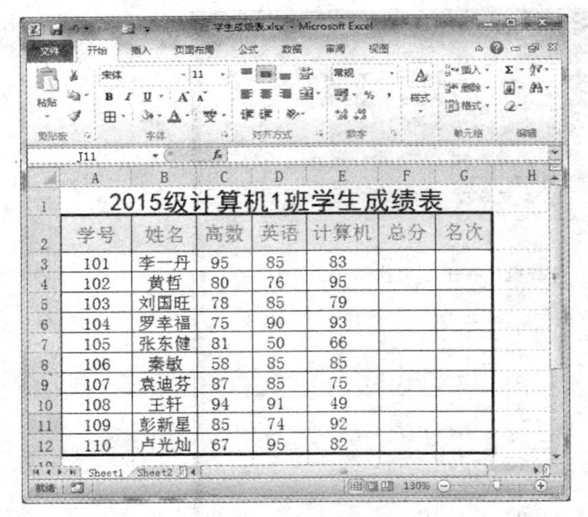

	A	B	C	D	E	F	G
1	2015级计算机1班学生成绩表						
2	学号	姓名	高数	英语	计算机	总分	名次
3	101	李一丹	95	85	83		
4	102	黄哲	80	76	95		
5	103	刘国旺	78	85	79		
6	104	罗幸福	75	90	93		
7	105	张东健	81	50	66		
8	106	秦敏	58	85	85		
9	107	袁迪芬	87	85	75		
10	108	王轩	94	91	49		
11	109	彭新星	85	74	92		
12	110	卢光灿	67	95	82		

图 4-3　格式化工作表

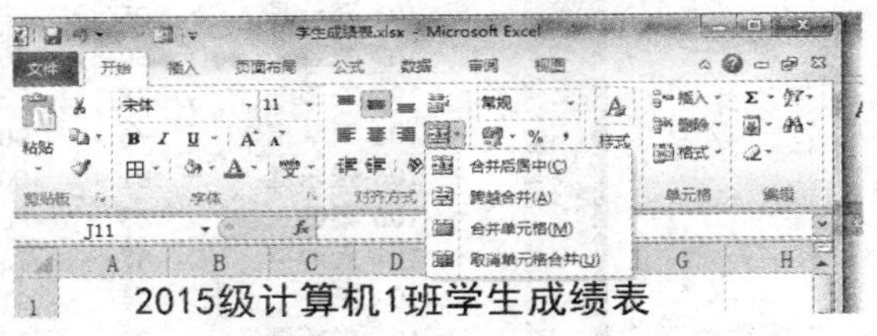

图 4-4　“合并后居中”下拉按钮

方式 2：快捷菜单方式。首先选中 A1:G1 单元格区域，右击，在快捷菜单中选择“设置单元格格式”命令，在“设置单元格格式”对话框中打开“对齐”选项卡，在文本对齐方式栏中选择水平对齐为“居中”、垂直对齐为“居中”，在文本控制栏中选中“合并单元格”复选框，如图 4-5 所示。

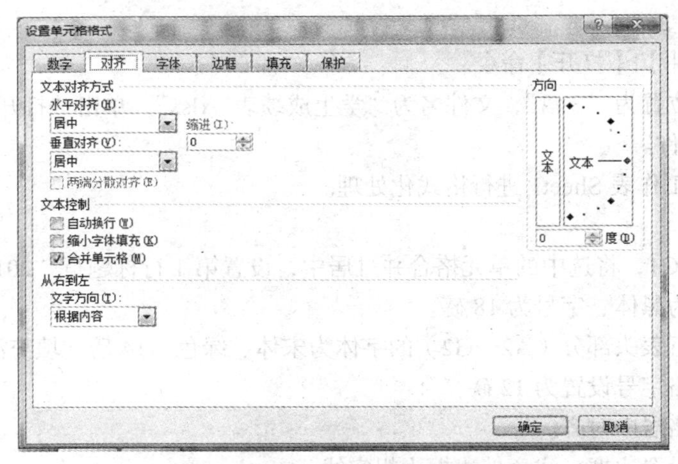

图 4-5　“设置单元格格式”对话框的“对齐”选项卡

② 设置第 1 行标题行“2015 级计算机 1 班学生成绩表”的字体为黑体、字号为 18 磅。

对单元格进行字体字号的设置主要有以下两种方式。

方式 1：选项卡方式。首先选中 A1 单元格，单击“开始”选项卡“字体”组中的“字体”下拉按钮，在打开的下拉菜单中单击“黑体”选项，然后单击“开始”选项卡“字体”组中的“字号”下拉按钮，在打开的下拉菜单中单击“18”选项，如图 4-6 所示。

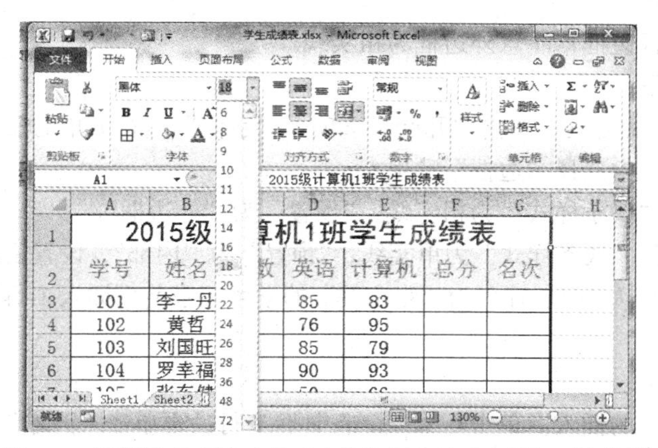

图 4-6　“开始”选项卡中的“字体”组中的“字号”下拉菜单

方式 2：快捷菜单方式。首先选中 A1 单元格，右击鼠标，在快捷菜单中选择“设置单元格格式”命令，在“设置单元格格式”对话框中打开“字体”选项卡，设置“字体”为“黑体”“字形”为“常规”“字号”为“18”，如图 4-7 所示。

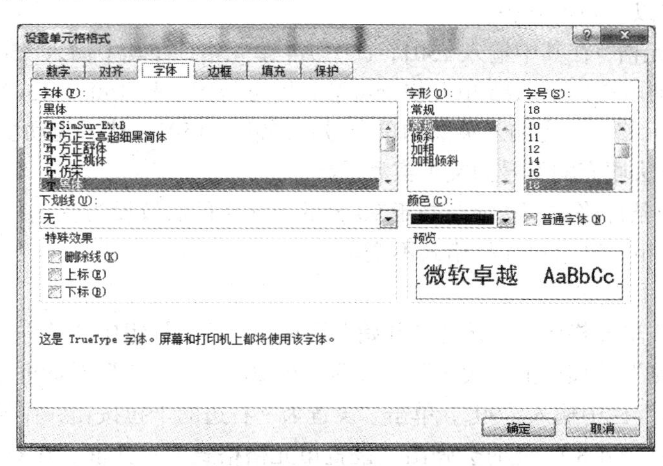

图 4-7　“设置单元格格式”对话框的“字体”选项卡

（2）设置第 2 行表头部分（A2～G2）的字体为宋体、绿色、14 磅，填充淡黄色底纹。

具体操作步骤如下。

选中 A2:G2 单元格区域，然后参照 A1 单元格格式设置的方法，使用选项卡方式或快捷菜单方式设置字体为宋体、字体颜色为绿色、字号为 14 磅，填充淡黄色底纹即可。

（3）其他单元格字号设置为 12 磅。

具体操作步骤如下：

选中其他单元格区域 A3:G12，使用选项卡方式设置字号为 12 磅。

（4）所有单元格居中对齐。

具体操作步骤如下。

方法 1：选中单元格区域 A2:G12，单击“开始”选项卡“对齐方式”组中的“垂直居中”和“居中”（水平居中）按钮进行居中设置。

方法 2：使用如图 4-5 所示的“设置单元格格式”对话框的“对齐”选项卡进行居中设置，在文本对齐方式栏中选择水平对齐为“居中”、垂直对齐为“居中”。

（5）为工作表设置边框，注意外边框为粗实线。

具体操作步骤如下。

选中单元格区域 A2:G12，单击“开始”选项卡“字体”组右下角的箭头，在弹出的“设置单元格格式”对话框中选择“边框”选项卡。

① 外边框设置：“线条样式”为粗实线，“预置”为“外边框”。

② 内部框线设置：“线条样式”为单实线，“预置”为“内部”，设置后的效果如图 4-3 所示。

【例 4.5】 在学号为 105、姓名为“张东健”的学生记录前面插入 1 行，输入数据：105、郑浩、77、86、90。

具体操作步骤如下。

（1）新行（或列）的插入。单击行号 7，选中第 7 行，再单击“开始”选项卡“单元格”组中的“插入”下拉按钮，选择“插入工作表行”选项。

（2）在新插入行的单元格中依次输入数据：105、郑浩、77、86、90。也可以在选中第 7 行后，右击行号，在弹出的快捷菜单中选择“插入”命令，实现新行的插入。

【例 4.6】 把“学号”列的数据用自动填充的方法修改为 1501、1502、1503、……1511。

自动填充学号有以下两种方法。

（1）选中 A3 单元格，在其中输入 1501，选中 A4 单元格，在其中输入 1502。然后，选中 A3:A4 单元格区域，拖动填充柄至 A13 单元格处释放，即可得到学号 1501、1502、1503、……1511。

（2）选中 A3 单元格，首先输入英文的单引号，再输入 1501，然后拖动填充柄至 A13 单元格处释放即可。此种方法填充的学号为文本类型。

【例 4.7】 使用条件格式，将成绩高于 90 分的单元格的底纹设为蓝色，小于 60 分的单元格字体颜色设为红色加粗，其余单元格格式不变。

具体操作步骤如下。

（1）选中 C3:F13 单元格区域，选择“开始”选项卡“样式”组中“条件格式”下拉列表中的“突出显示单元格规则”选项中的“大于”子选项，在弹出的“大于”对话框中，在“为大于以下值的单元格设置格式”栏中输入“90”，单击“设置为”右边的下拉按钮，在弹出的下拉菜单中选择“自定义格式”（见图 4-8），此时会弹出“设置单元格格式”对话框，在对话框中选择“填充”选项卡，选择背景色为“蓝色”，如图 4-9 所示。

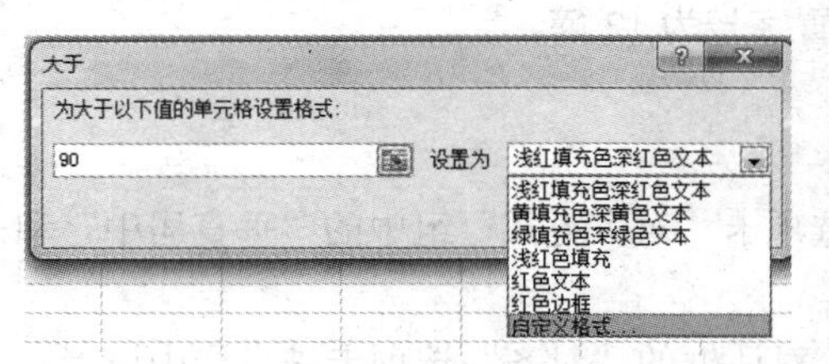

图 4-8 “大于”对话框的“设置为”下拉菜单

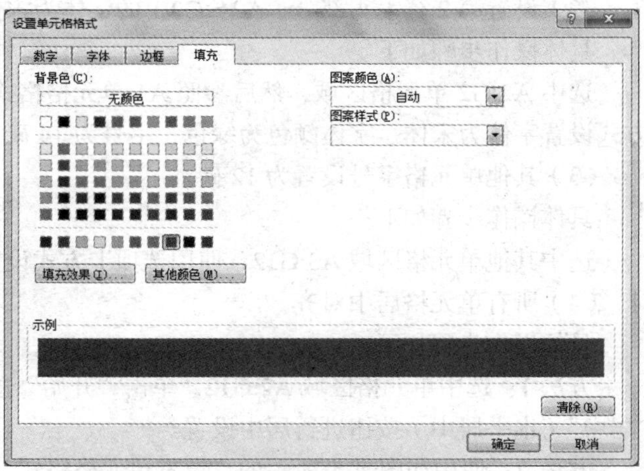

图 4-9 “设置单元格格式”对话框的“填充”选项卡

（2）选中 C3:F13 单元格区域，选择“开始”选项卡“样式”组中“条件格式”下拉列表中的“突出显示单元格规则”选项中的“小于”子选项，在弹出的“小于”对话框中，在“为小于以下值的单元格设置格式”栏中输入“60”，单击“设置为”右边的下拉按钮，在弹出的下拉菜单中选择“自定义格式”，弹出“设置单元格格式”对话框，选择“字体”选项卡，选择颜色为“红色”，字形为“加粗”。

【例 4.8】 将工作表 Sheet1 重命名为“计算机 1 班成绩表”。

右击工作表标签 Sheet1，在弹出的快捷菜单中选择“重命名”命令，输入“计算机 1 班成绩表”，设置后的效果如图 4-10 所示。

2015级计算机1班学生成绩表

学号	姓名	高数	英语	计算机	总分	名次
1501	李一丹	95	85	83		
1502	黄哲	80	76	95		
1503	刘国旺	78	85	79		
1504	罗幸福	75	90	93		
1505	郑浩	77	86	90		
1506	张东健	81	50	66		
1507	秦敏	58	85	85		
1508	袁迪芬	87	85	75		
1509	王轩	94	91	49		
1510	彭新星	85	74	92		
1511	卢光灿	67	95	82		

图 4-10 学生成绩表效果图

【例 4.9】 保存工作表及工作簿，并退出 Excel 2010。

选择【文件】|【保存】命令，保存工作表及工作簿，然后选择【文件】|【退出】命令，即可退出 Excel 2010 窗口。

四、实验任务

【任务一】 制作“课程表”。

每天上课都要用课程表，一份漂亮的课程表看起来赏心悦目，使用起来也方便。下面制作图 4-11 所示的“课程表”。

制作过程及要求如下。

（1）表格中重复的课程可以通过复制的方式来完成。

（2）表格中的星期和节次可以通过序列填充方式来完成。

（3）表格中文字的竖排可以通过单击“开始”选项卡中的“对齐方式”组中的“方向”下拉按钮，在弹出的下拉菜单中选择竖排文字即可。

（4）部分单元格用合并单元格来实现。

（5）将星期、午休、晚餐和节次列用彩色底纹分别设置。

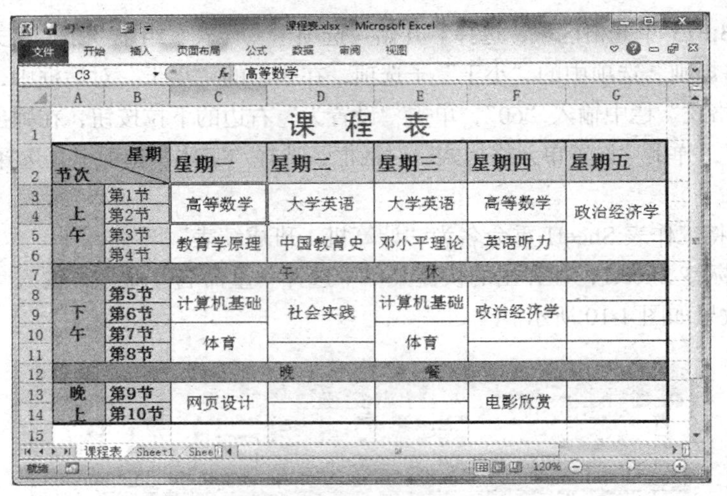

图 4-11 课程表效果图

（6）单元格中斜线的绘制：采用“设置单元格格式”对话框中的“边框”选项卡中边框栏内的“斜线”按钮实现。

带斜线单元格中文字输入方法提示：文字分两行，第一行文字前面加上些空格，输入“星期”，按 Atl + Enter 快捷键换行，再输入第二行文字“节次”。注意：合并单元格时，水平对齐方向不能居中设置；如果文字居中设置就不能调整到合适的位置。

（7）将课程表加上边框。

说明：课程表中的字体、字号、字体颜色、填充色、边框等样式可按自己的喜好设置，做到美观协调，比例恰当即可。

【任务二】 制作“班级通信录”。

制作一份“班级通信录”，以方便同学之间的相互了解，也为学校与老师掌握学生情况提供帮助。“班级通信录”效果图如图 4-12 所示。

2016级计算机2班学生通信录

学号	姓名	性别	出生年月	电话	QQ
1600201	张杰	男	1997/7/1	130****3572	935227890
1600202	刘忠	男	1996/12/2	187****2345	1353746895
1600203	李艳云	女	1997/3/16	186****6547	986213345
1600204	王小兵	男	1998/5/12	135****7890	7546324581
1600205	赵大林	男	1997/10/8	135****3365	456320047
1600206	李念念	女	1996/9/27	187****7878	120453677
1600207	徐一佳	女	1998/8/16	185****8762	354275613
1600208	尹东鹏	男	1997/1/17	155****2301	457862487
1600209	黄鸣	男	1996/6/6	151****1123	245745547
1600210	周群	女	1998/2/9	155****5542	786443146

图 4-12 班级通信录效果图

制作过程及要求如下。

（1）新建 Excel 工作簿，将工作簿命名为“班级通信录.xlsx”，保存在 E 盘。

（2）输入数据。

（3）对工作表进行格式化设置。

实验 2　Excel 2010 公式与函数的应用及图表操作

一、实验目的

1. 掌握 Excel 的公式使用方法。
2. 掌握 Excel 的函数使用方法。
3. 能熟练运用常用函数解决一些计算问题。
4. 掌握在 Excel 工作表中复制公式与函数的方法。
5. 掌握将工作表数据转化为图表的方法。
6. 掌握图表的一些基本操作。

二、相关知识

1. 常用公式中使用的运算符

Excel 的公式必须以等于号开头，然后用各种操作运算符将相关对象连在一起组成公式，即"=对象 运算符 对象 运算符……"。

Excel 公式中的对象可以是常量（数字和字符）、变量、单元格引用及函数，如果对象是字符型值，需要用引号将其定界（即将字符型的值放在引号中）。公式中常用的操作运算符有如下。

- 算术运算符：用于数值型数据的四则运算、百分数和乘方运算。
- 文本运算符：用于将不同单元格中的文本或其他内容连接起来置于同一单元格中。
- 比较运算符：对两个运算对象进行比较，并产生逻辑值 TRUE（真）或 FALSE（假）。
- 单元格引用运算符：确定公式中引用的是工作表中哪些单元格区域的数据。

2. 填充柄的使用

为加快计算速度，减少公式或者函数编制的重复操作，可使用填充柄将公式快速复制到其他单元格中。具体方法是：单击公式所在的单元格，鼠标指向单元格右下角的填充柄，变为黑色十字形状时，按下鼠标左键拖动，即可将该单元格中的公式快速地复制到相邻的单元格（区域）中。

3. 绝对引用、相对引用、混合引用

在单元格的"相对引用"方式中，当生成公式时，对单元格或区域的引用是基于它们与公式单元格的相对位置；当将公式复制到新的位置时，公式中引用的单元格地址相对发生变化；如果引用的是特定位置处的单元格，不希望在复制公式的过程中引用发生变化，就要进行单元格的"绝对引用"，即在所引用的单元格的行号或列标前加"$"号来固定行或列。有些公式或函数中，可能要有"相对引用"和"绝对引用"的混合引用。

4. 常用函数的格式及使用方法

Excel 内置的函数增加到了 412 个，按照功能大致分为 11 类，即数学和三角函数、数据库函数、财务函数、统计函数、逻辑函数、文本函数、查找和引用函数、信息函数、工程函数、日期和时间函数、多维数据集函数。利用它们可以解决许多公式难以解决的问题，但这需要熟练了解和掌握函数的功能、输入技巧、函数的参数设置、嵌套函数的方法等。

函数的结构形式为 =函数名（参数 1，参数 2，……），其中函数名表示进行什么样的操作，一般比较短，是英文单词的缩写；参数可以是常量、单元格（区域）引用或其他函数，参数间用逗号间隔。输入函数的方法如下。

（1）使用插入函数。

（2）直接在单元格中输入函数。

（3）利用功能区中的按钮。

5. 使用系统提供的自动计算功能计算数据

求和函数 SUM、求平均值函数 AVERAGE 是最常用到的函数，这时，可使用常用工具栏上的“自动求和”按钮（Σ）或者求平均值按钮来进行快速求和、求平均值等的计算。

6. 图表的类型

Excel 2010 包含 11 种图表类型，如柱形图、条形图、饼图、圆环图、折线图、雷达图、股价图等；不同的图表类型用于表示不同的数据；有些图表类型又有二维和三维之分。选择一个能最佳表现数据的图表类型，有助于更清楚地反映数据的差异和变化。下面介绍几种常见的图表类型及其特点。

柱形图：用来显示不同时间内数据的变化情况，或者用于对各项数据进行比较，是最普通的商用图表类型，柱形图中的分类位于横轴，数值位于纵轴。

条形图：用于比较不连续的无关对象的差别情况，它淡化数值项随时间的变化，突出数值项之间的比较。条形图中的分类位于纵轴，数值位于横轴。

折线图：用于显示某个时期内，各项在相等时间间隔内的变化趋势，它与面积图相似，但更强调变化率，而不是变化量，折线图的分类位于横轴，数值位于纵轴。

饼图：用于显示数据系列中每项占该系列数值总和的比例关系，它通常只包含一个数据系列。

散点图：通常用来显示和比较数值，水平轴和垂直轴上都是数值数据。

面积图：它通过曲线（即每一个数据系列所建立的曲线）下面区域的面积来显示数据的总和、说明各部分相对于整体的变化，它强调的是变化量，而不是变化的时间和变化率。

圆环图：类似于饼图，也用来反映部分与整体的关系，但它能表示多个数据系列，其中一个圆环代表一个数据系列。

雷达图：每个分类都有自己的数值坐标轴，这些坐标轴中的点向外辐射，并由折线将同一系列的数据连接起来，用于比较若干个数据系列的聚合值。

曲面图：使用不同的颜色和图案来指示在同一取值范围的区域，适合在寻找两组数据之间的最佳组合时使用。

气泡图：这是一种特殊类型的 *XY* 散点图，数据标记的大小标示出数据组中第三个变量的值，在组织数据时，可将 *X* 值放置于一行或一列中，在相邻的行或列中输入相关的 *Y* 值和气泡大小。

股价图：用来描述股票的价格走势，也可用于科学数据，如随温度变化的数据。生成股价图时必须以正确的顺序组织数据，其中计算成交量的股价图有两个数值标轴，一个代表成交量，另一个代表股票价格，在股价图中可以包含成交量。

7. 图表各部分的名称及功能

图表的主要组成元素包括图表区、绘图区、图表标题、坐标轴、图例、数据系列等。

图表区：图表区就是承载整个图表元素的区域，除了自定义添加的辅助形状，图表中的各个元素都在图表区中；图表区可以任意更改大小。

绘图区：位于图表区靠中间位置的较大区域，它主要承载图表的数据系列和坐标轴，可为绘图区自定义颜色和效果。

图表标题：即整个图表的标题，标题通常很直白，直接表明图表的主要内容。

坐标轴：主要包括横坐标轴和纵坐标轴，若有需要，还可包括次要坐标轴，坐标轴用来表明数据系列的一些维度，使数据系列有意义。

图例：表明各个数据系列的说明。

数据系列：图表中最显眼的一个部分，数据的“化身”，它将单纯的数据图形化表达，在图表中分析数据主要是分析数据系列。

三、实验演示

【例 4.10】　制作图 4-13 所示的工作表，并要求完成如下操作。

（1）将 Sheet1 工作表中的 A1:E1 单元格合并为一个单元格，内容水平居中。

（2）计算“同比增长”列的内容（同比增长 =（11 年-10 年）/10 年，百分比型，保留小数点后两位）。

（3）如果“同比增长”列内容高于 50%，在“备注”列内给出信息“A”，否则给出信息“B”（可以用 IF 函数来解决）。

（4）选取“月份”列（A2:A14）和“同比增长”列（D2:D14）数据区域的内容建立“带数据标记的折线图”，图表标题为“销售额同比增长统计图”，图例位于底部，将图插入当前表的 A16:F31 单元格区域内，将工作表命名为“销售情况统计表”，最后以“某产品近两年销量额统计.xlsx”为文件名将此文件保存起来。

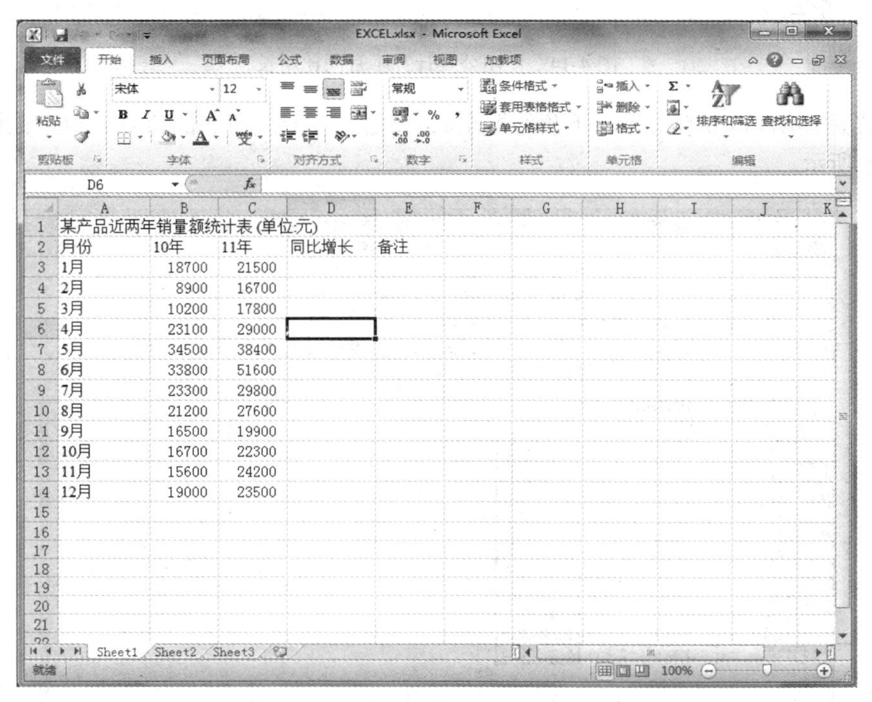

图 4-13　某产品近两年销量额统计表

具体操作步骤如下。

（1）先完成前两个的操作任务。

① 先打开 Excel 2010，建立图 4-13 所示的数据清单后，选择 A1:E1 单元格，单击“合并与

居中”按钮即可完成第一个问题。

② 将光标定于 D3 单元格，输入“=”号开始，然后输入“(C3-B3) /B3”，按 Enter 键后得到 1 月同比增长结果，公式的输入如图 4-14 所示。

COUNTIFS =(C3-B3)/B3

	A	B	C	D	E
1	某产品近两年销量额统计表 (单位元)				
2	月份	10年	11年	同比增长	备注
3	1月	18700	21500	=(C3-B3)/B3	
4	2月	8900	16700		
5	3月	10200	17800		
6	4月	23100	29000		
7	5月	34500	38400		
8	6月	33800	51600		
9	7月	23300	29800		
10	8月	21200	27600		
11	9月	16500	19900		
12	10月	16700	22300		
13	11月	15600	24200		
14	12月	19000	23500		

图 4-14　使用公式计算 1 月同比增长

③ 将光标移动到 D3 单元格右下角的填充柄上，按住鼠标左键，拖到 D14 放下鼠标，所得结果如图 4-15 所示。

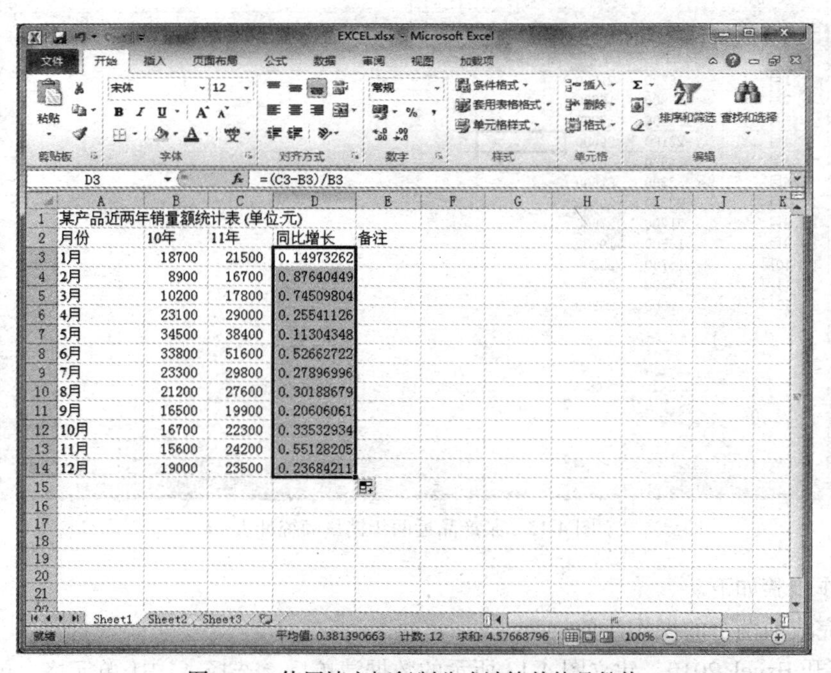

D3 =(C3-B3)/B3

	A	B	C	D	E
1	某产品近两年销量额统计表 (单位元)				
2	月份	10年	11年	同比增长	备注
3	1月	18700	21500	0.14973262	
4	2月	8900	16700	0.87640449	
5	3月	10200	17800	0.74509804	
6	4月	23100	29000	0.25541126	
7	5月	34500	38400	0.11304348	
8	6月	33800	51600	0.52662722	
9	7月	23300	29800	0.27896996	
10	8月	21200	27600	0.30188679	
11	9月	16500	19900	0.20606061	
12	10月	16700	22300	0.33532934	
13	11月	15600	24200	0.55128205	
14	12月	19000	23500	0.23684211	

平均值: 0.381390663　计数: 12　求和: 4.57668796

图 4-15　使用填充柄复制公式计算其他月份值

④ 选择 D3:D14 单元格区域，单击右键，在弹出的快捷菜单中选择“设置单元格格式”选项，然后在数字选项卡下选择百分比项，小数位默认是 2 位，就不要改动。设置如图 4-16 所示。

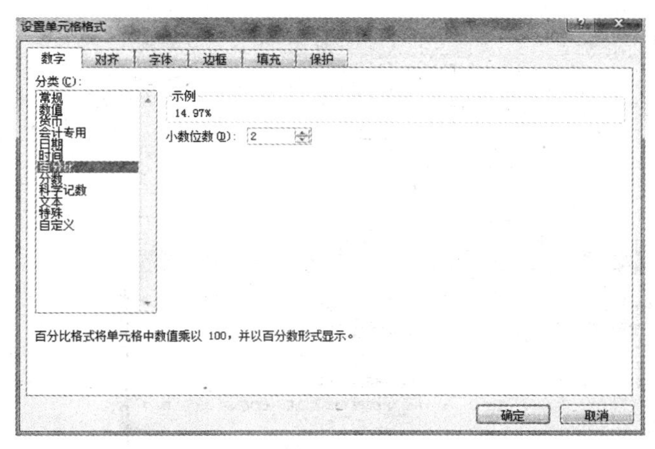

图 4-16　将得到的数值结果设置成百分比形式

（2）然后再计算备注列的内容，根据题目的要求，这里就必须使用函数来解决了，可以看出它是需要根据同比增长的值来确定，我们可以使用系统提供的 IF 函数来解决这个问题。操作步骤如下。

① 在“公式”菜单下选择逻辑函数“IF”函数，如图 4-17 所示。

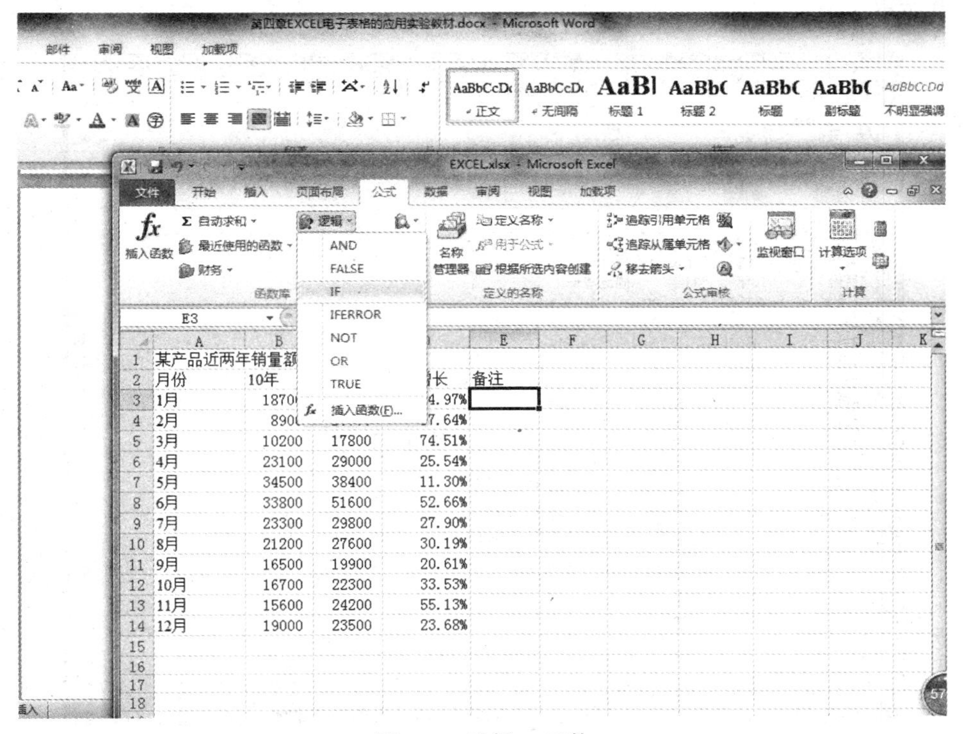

图 4-17　选择 IF 函数

② 设置 IF 函数的参数，如图 4-18 所示。

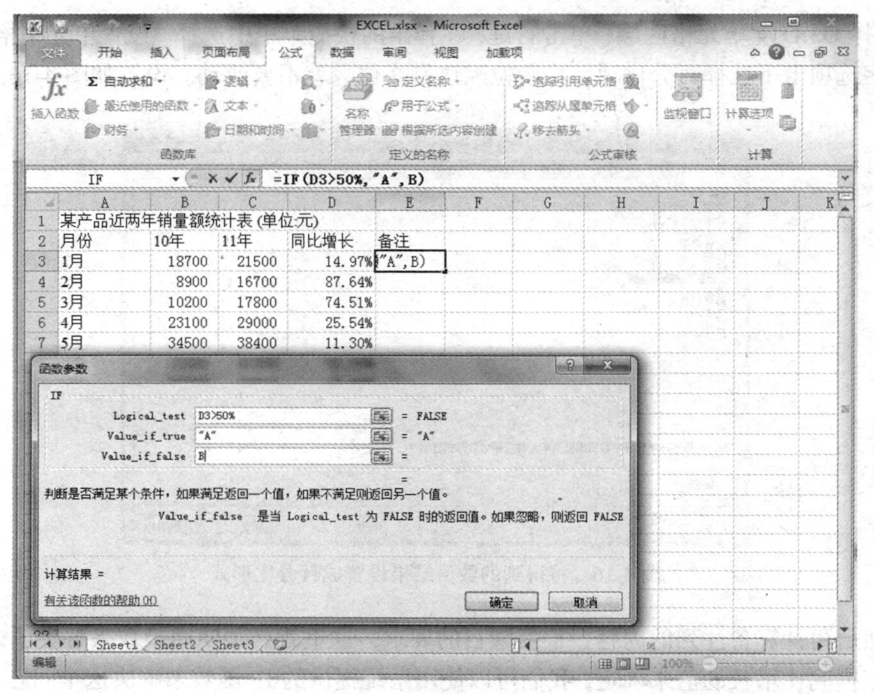

图 4-18　IF 函数参数的设置

③ 单击“确定”按钮，得出 1 月结果，然后拖动填充柄到 E14，得到全部月份的备注结果，如图 4-19 所示。

图 4-19　使用填充柄后备注项的结果

（3）再根据完成的表格数据生成图表，然后对图表进行修改，操作步骤如下。

① 选择月份列（A2:A14）和同比增长列（D2:D14），注意不连续行列选择是通过按下 Ctrl 键来实现的，如图 4-20 所示。

	A	B	C	D	E
1	某产品近两年销量额统计表(单位:元)				
2	月份	10年	11年	同比增长	备注
3	1月	18700	21500	14.97%	B
4	2月	8900	16700	87.64%	A
5	3月	10200	17800	74.51%	A
6	4月	23100	29000	25.54%	B
7	5月	34500	38400	11.30%	B
8	6月	33800	51600	52.66%	A
9	7月	23300	29800	27.90%	B
10	8月	21200	27600	30.19%	B
11	9月	16500	19900	20.61%	B
12	10月	16700	22300	33.53%	B
13	11月	15600	24200	55.13%	A
14	12月	19000	23500	23.68%	B

图 4-20　选择图表数据

② 单击“插入”菜单，选择“折线图”，再在其中选择“带数据标记的折线图”，单击“确定”按钮，结果如图 4-21 所示。

③ 单击“布局”菜单，找到图表标题项，将图表的标题改为“销售额同比增长图”，或者直接在图表标题上进行修改，然后找到图例项，将图例改为位置靠下。

④ 移动缩放图表，将图表的左上角对准 A16 单元格，然后将光标移动到右下角，选中后改变窗口的大小，使图表的另一个角刚好位于 F31 单元格后松开鼠标即可，结果如图 4-22 所示。

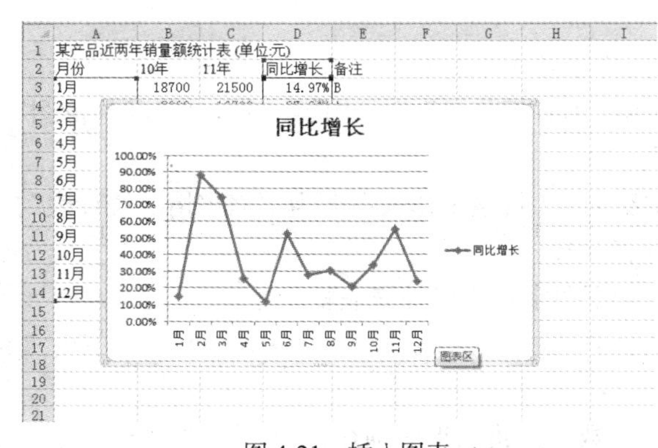

图 4-21　插入图表

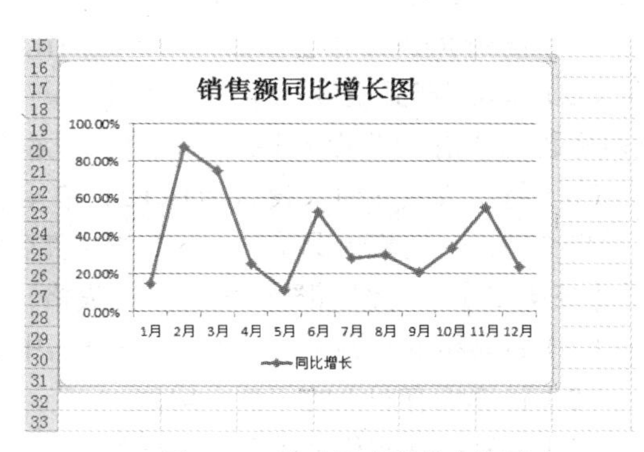

图 4-22　移动图表到指定位置

⑤ 全部工作完成后，将工作表命名为“销售情况统计表”，关闭该文件，同时将工作薄的名称设置为“某产品近两年销量额统计.xlsx”。

图表是基于工作表而生成的，两者的数据是相互关联的，所以当修改工作表中的数据时，图表中的数据会自动更新。

四、实验任务

【任务一】 制作图 4-23 所示的电子表格，要求完成如下操作。

	A	B	C	D	E	F	G	H
1	产品销售情况统计表							
2	产品型号	单价（元）	上月销售量	上月销售额(万元)	本月销售量	本月销售额（万元）	销售额同比增长	销售额同比增长排名
3	P-1	654	123		156			
4	P-2	1652	84		93			
5	P-3	1879	145		178			
6	P-4	2341	66		131			
7	P-5	780	101		121			
8	P-6	394	79		97			
9	P-7	391	105		178			
10	P-8	289	86		156			
11	P-9	282	91		129			
12	P-10	196	167		178			

图 4-23 产品销售情况统计表

（1）将该工作表的 A1:H1 单元格合并成一个单元格，内容水平居中。

（2）计算“上月销售额”和“本月销售额”列的内容（销售额 = 单价*数量，数值型，保留小数点后 0 位）。

（3）计算“销售额同比增长”列的内容（同比增长 =（本月销售额-上月销售额）/本月销售额，百分比型，保留小数点后 1 位）。

（4）使用 RANK 排名函数将销售额同比增长的排名计算出来。

（5）选取“产品型号”列、“上月销售量”列和“本月销售量”列的内容，建立“簇状柱形图”，图表标题为“销售情况统计图”，图例置于底部。

（6）将生成的图插入表的 A14:E27 单元格区域内，将该工作表命名为“销售情况统计表”，最后将文件以“销售情况统计.xlsx”为文件名保存起来。

【任务二】 制作如图 4-24 所示的表格，按如下要求将表格补充完整。

（1）将表格的标题（A1:G1）合并并居中显示。

（2）计算所有职工的年龄平均值。

（3）分别统计职称为高工、工程师、助工的人数，并将结果分别存放于 G5:G7 单元格内。

（4）选择 F4:G7 区域，生成一个分离型三维饼图，饼图上带数据标签，图表标题为“某单位人员职称统计图”，放置到 Sheet2 工作表中，最后将文件以“某单位人员情况统计.xlsx”为文件名保存起来。

图 4-24 某单位人员情况统计表

实验 3 Excel 2010 数据管理操作

一、实验目的

1. 掌握数据清单中数据排序的方法。
2. 掌握数据清单中数据筛选的方法。
3. 掌握数据清单中数据分类汇总的方法。
4. 掌握数据透视表的制作方法。

二、相关知识

1. 单关键字的排序

它只根据某一列字段中的数据对行数据排序，是最简单的排序方法。选定某单元格，单击“数据”菜单的“排序和筛选”组中的“升序”按钮，进行升序排序；单击“降序”按钮，顺序相反。

2. 多关键字的排序

当根据某一列字段名对工作表中的数据进行排序时，可能会遇到该字段中有相同数据的情况，这时还须根据其他字段对数据再进行排序，即进行多字段排序。选定工作表中要排序的区域，单击“数据”菜单的“排序和筛选”组中的“排序”按钮，打开“排序”对话框进行设置。

3. 各种数据排序的规则

Excel 提供了升序和降序两种方式，根据排序字段的数据类型不一样，排序的依据也会不一样，主要有以下几种情况。

（1）如果排序字段是数字类型，将根据数字的大小进行排列。

（2）如果排序字段是字母类型，从第一个字母开始按照它在字母表先后顺序进行排列。

（3）如果排序字段是文本或者包含数字的文本，按 0～9、a～z、A～Z 的顺序进行排列。

（4）如果排序字段是逻辑值，按 FALSE 排在 TRUE 前的顺序排列。

（5）如果排序字段是汉字，可以按汉语拼音的字母表顺序排列，也可以按汉字的笔画顺序来排列。

4. 自动筛选和自定义筛选的方法

如果筛选条件比较简单，可以选择自动筛选或者自定义筛选。自动筛选时能直接选择筛选条件，自定义筛选时可以简单定义筛选条件。

5. 高级筛选中条件的设置方法

当自动筛选无法提供筛选条件或筛选条件较多、较复杂时，可选择高级筛选。

在进行高级筛选之前，必须先在工作表中建立条件区域。条件区域至少有两行（注意不能将字段与条件输入同一个单元格），首行是数据清单中相应字段名，其他行为筛选条件。同一行的条件关系为逻辑与，不同行之间为逻辑或。

6. 分类汇总中参数的设置方法

当表格中涉及不同类型的数据，比如在销售表中经销部门一般就涉及了几个部门，对于这种表格，我们直接计算销售额的话，只能计算出所有部门的数据值，不能分部门计算出相应数据，而实际在进行数据计算时，难免会要求分部门统计销售额的情况，这个问题我们就可以通过实验中所介绍的分类汇总方法来完成。

分类汇总是对数据清单按某个字段进行分类，将字段值相同的记录作为一类，再按类别进行计数、求最大值、求和等汇总运算。

7. 数据透视表

数据透视表是一种可以快速汇总、分析大量数据表格的交互式工具。使用数据透视表可以按照数据表格的不同字段从多个角度进行透视，并建立交叉表格，用以查看数据表格不同层面的汇总信息、分析结果以及摘要数据。使用数据透视表可以深入分析数值数据，帮助用户发现关键数据。

三、实验演示

【例 4.11】 建立图 4-25 所示的数据清单表，并完成如下操作。

（1）按销售额从高到低进行排序，销售额相同的再按销售数量的降序排列。

（2）筛选出公司产品销售情况统计表中西部 2 公司的销售情况。

（3）利用“高级筛选”功能筛选出“公司产品销售情况统计表”中电视销售额在 25 万元以上的记录。

（4）根据分公司的名称汇总销售额的平均值。

（5）最后取消汇总的结果，显示原始数据。

说明：数据清单与一般表格的区别在于：数据清单必须有列标题；每一列必须是同一数据类型；在数据清单与其他数据之间至少留出一个空白列或一个空白行。

具体操作步骤如下。

（1）建立原始清单数据。

（2）按销售额从高到低进行排序，销售额相同的再按销售数量的降序排列，可以通过以下方法进行。

季度	分公司	产品类别	产品名称	销售数量	销售额（万元）	销售额排名
1	西部2	K-1	空调	89	12.28	19
1	南部3	D-2	电冰箱	89	20.83	9
1	北部2	K-1	空调	89	12.28	19
1	东部3	D-2	电冰箱	86	20.12	10
1	北部1	D-1	电视	86	38.36	1
3	南部2	K-1	空调	86	30.44	4
3	西部2	K-1	空调	84	11.59	21
2	东部2	K-1	空调	79	27.97	6
3	西部1	D-1	电视	78	34.79	2
3	南部3	D-2	电冰箱	75	17.55	16
2	北部1	D-1	电视	73	32.56	3
2	西部3	D-2	电冰箱	69	22.15	8
1	东部1	D-1	电视	67	18.43	12
3	东部1	D-1	电视	66	18.15	14
2	东部3	D-2	电冰箱	65	15.21	18
1	南部1	D-1	电视	64	17.60	15
3	北部1	D-1	电视	64	28.54	5
2	南部2	K-1	空调	63	22.30	7
1	西部3	D-2	电冰箱	58	18.62	11
3	西部3	D-2	电冰箱	57	18.30	13
2	东部1	D-1	电视	56	15.40	17
2	西部2	K-1	空调	56	7.73	22

公司产品销售情况统计表（工作表：产品销售情况表、Sheet2、Sheet3）

图 4-25 “产品销售情况表”数据清单

将光标定位于数据清单中的任一单元格，选择【数据】|【排序】命令，弹出图 4-26 所示的“排序”对话框，在对话框中选择排序的主要关键字“销售额”“降序”和次要关键字“销售数量”“降序”排序。

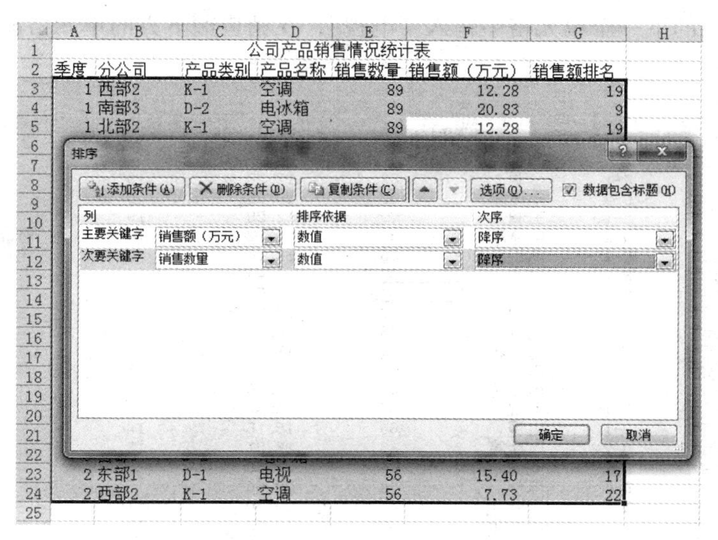

图 4-26 “排序”条件设置对话框

（3）筛选出公司产品销售情况统计表中西部 2 公司的销售情况。

操作步骤如下。

① 将光标定位于数据清单中，选择【数据】|【筛选】命令。

② 数据清单中每列字段名的右边出现一个下拉三角形按钮，单击“分公司” 字段旁边的三角形按钮，弹出图 4-27 所示的自动筛选菜单，在菜单中选择“西部 2”，则数据清单中只显示西部 2 的记录，其余行被暂时隐藏起来，最终筛选的结果如图 4-28 所示。

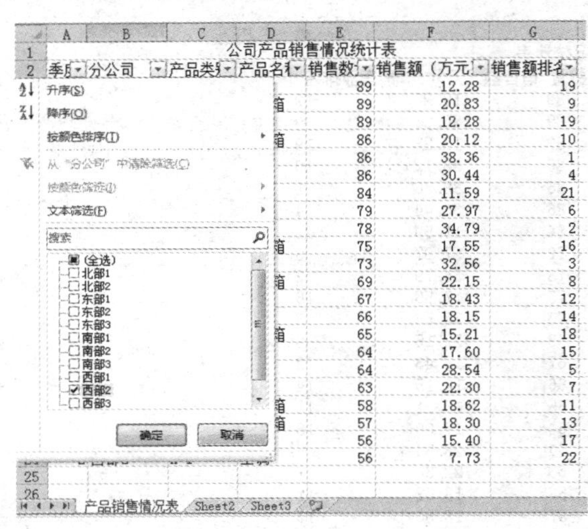

图 4-27　数据的自动筛选

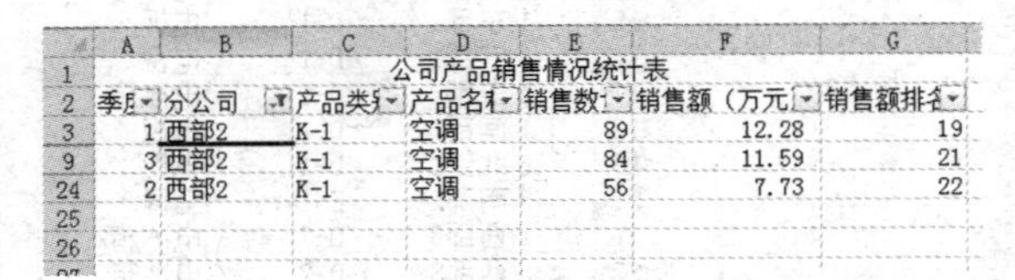

	A	B	C	D	E	F	G
1				公司产品销售情况统计表			
2	季度	分公司	产品类别	产品名称	销售数量	销售额（万元）	销售额排名
3	1	西部2	K-1	空调	89	12.28	19
9	3	西部2	K-1	空调	84	11.59	21
24	2	西部2	K-1	空调	56	7.73	22
25							
26							

图 4-28　数据筛选后的结果

如果再对销售额 10 万元以上的记录进行自定义筛选，可打开销售额字段名右边的下拉三角形按钮，选择数字进行筛选，然后设置筛选条件即可。对于这种两个或者两个以上条件筛选的情况，我们还可以选用下面所讲的高级筛选来完成。

（4）利用“高级筛选”功能筛选出“产品销售情况表中”电视销售额在 20 万元以上的记录。

操作步骤如下。

① 建立条件区域。将“产品名称”和“销售额”字段名复制数据清单以外的区域，在“产品名称”单元格对应的下一个单元格中输入“电视”，在销售额下方的单元格输入“>20.00”，如图 4-29 所示。

	A	B	C	D	E	F	G	H	I	J
1				公司产品销售情况统计表						
2	季度	分公司	产品类别	产品名称	销售数量	销售额（万元）	销售额排名			
3	1	西部2	K-1	空调	89	12.28	19			
4	1	南部3	D-2	电冰箱	89	20.83	9			
5	1	北部2	K-1	空调	89	12.28	19			
6	1	东部3	D-2	电冰箱	86	20.12	10		产品名称	销售额
7	1	北部1	D-1	电视	86	38.36	1		电视	>20.00
8	3	南部2	K-1	空调	86	30.44	4			
9	3	西部2	K-1	空调	84	11.59	21			
10	2	东部2	K-1	空调	79	27.97	6			
11	3	西部1	D-1	电视	78	34.79	2			
12	3	南部3	D-2	电冰箱	75	17.55	16			
13	2	北部1	D-1	电视	73	32.56	3			
14	2	西部3	D-2	电冰箱	69	22.15	8			
15	1	东部1	D-1	电视	67	18.43	12			
16	3	东部1	D-1	电视	66	18.15	14			
17	2	东部3	D-2	电冰箱	65	15.21	18			
18	1	南部1	D-1	电视	64	17.60	15			
19	3	北部1	D-1	电视	64	28.54	5			
20	2	南部2	K-1	空调	63	22.30	7			
21	1	西部3	D-2	电冰箱	58	18.62	11			
22	3	西部3	D-2	电冰箱	57	18.30	13			
23	2	东部1	D-1	电视	56	15.40	17			
24	2	西部2	K-1	空调	56	7.73	22			

图 4-29　建立条件区域

② 单击数据清单中的任意一个单元格，执行【数据】|【排序和筛选组】|【高级】命令，在如图 4-30 所示的“高级筛选”对话框中单击“条件区域”下拉列表按钮，弹出“高级筛选-条件区域”对话框后，用鼠标拖曳选择条件区域，条件区域的地址将自动填入对话框的输入框中，如图 4-30 所示。也可以直接在图 4-30 所示的“条件区域”输入框填入条件区域的绝对地址“$I$6:$J$7”。

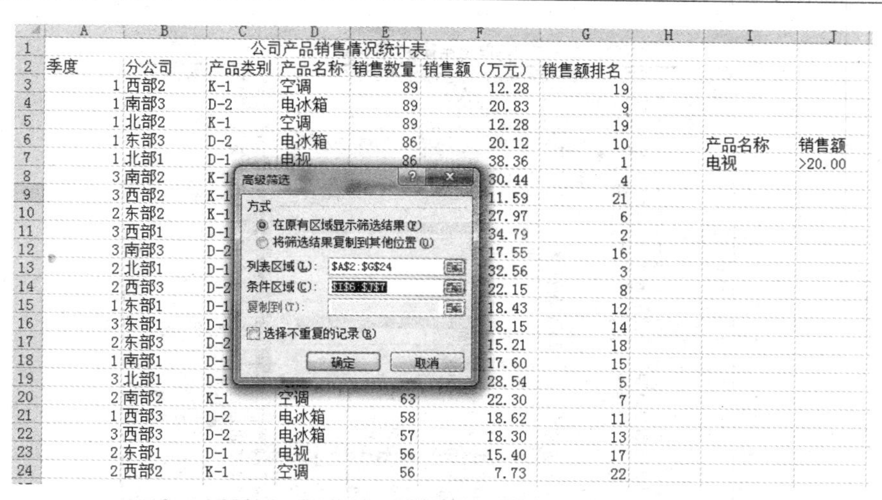

	A	B	C	D	E	F	G	H	I	J
1	公司产品销售情况统计表									
2	季度	分公司	产品类别	产品名称	销售数量	销售额（万元）	销售额排名			
3	1	西部2	K-1	空调	89	12.28	19			
4	1	南部3	D-2	电冰箱	89	20.83	9			
5	1	北部2	K-1	空调	89	12.28	19			
6	1	东部3	D-2	电冰箱	86	20.12	10		产品名称	销售额
7	1	北部1	D-1	电视	86	38.36	1		电视	>20.00
8	3	南部2	K-1			30.44	4			
9	3	西部2	K-1			11.59	21			
10	2	东部2	K-1			27.97	6			
11	3	西部1	D-1			34.79	2			
12	3	南部3	D-2			17.55	16			
13	2	北部1	D-1			32.56	3			
14	2	西部3	D-2			22.15	8			
15	1	东部1	D-1			18.43	12			
16	3	东部1	D-1			18.15	14			
17	2	东部3	D-2			15.21	18			
18	1	南部1	D-1			17.60	15			
19	3	北部1	D-1			28.54	5			
20	2	南部2	K-1	空调	63	22.30	7			
21	1	西部3	D-2	电冰箱	58	18.62	11			
22	3	西部3	D-2	电冰箱	57	18.30	13			
23	2	东部1	D-1	电视	56	15.40	17			
24	2	西部2	K-1	空调	56	7.73	22			

图 4-30　设置条件区域

③ 单击“确定”按钮，显示筛选结果如图 4-31 所示。

	A	B	C	D	E	F	G
1	公司产品销售情况统计表						
2	季度	分公司	产品类别	产品名称	销售数量	销售额（万元）	销售额排名
3	1	北部1	D-1	电视	86	38.36	1
4	3	西部1	D-1	电视	78	34.79	2
5	2	北部1	D-1	电视	73	32.56	3
6	3	北部1	D-1	电视	64	28.54	5
7							

图 4-31　高级筛选结果

（5）根据分公司的名称汇总销售额的平均值，操作步骤如下。

① 先按分公司字段进行排序，升序降序均可，排序后的结果图 4-32 所示。

	A	B	C	D	E	F	G
1	公司产品销售情况统计表						
2	季度	分公司	产品类别	产品名称	销售数量	销售额（万元）	销售额排名
3	1	北部1	D-1	电视	86	38.36	1
4	2	北部1	D-1	电视	73	32.56	3
5	3	北部1	D-1	电视	64	28.54	5
6	1	北部2	K-1	空调	89	12.28	19
7	1	东部1	D-1	电视	67	18.43	12
8	3	东部1	D-1	电视	66	18.15	14
9	2	东部1	D-1	电视	56	15.40	17
10	2	东部2	K-1	空调	79	27.97	6
11	1	东部3	D-2	电冰箱	86	20.12	10
12	2	东部3	D-2	电冰箱	65	15.21	18
13	1	南部1	D-1	电视	64	17.60	15
14	3	南部2	K-1	空调	86	30.44	4
15	2	南部2	K-1	空调	63	22.30	7
16	1	南部3	D-2	电冰箱	89	20.83	9
17	3	南部3	D-2	电冰箱	75	17.55	16
18	3	西部1	D-1	电视	78	34.79	2
19	1	西部2	K-1	空调	89	12.28	19
20	3	西部2	K-1	空调	84	11.59	21
21	2	西部2	K-1	空调	56	7.73	22
22	2	西部3	D-2	电冰箱	69	22.15	8
23	1	西部3	D-2	电冰箱	58	18.62	11
24	3	西部3	D-2	电冰箱	57	18.30	13

图 4-32　按分公司排序的结果

② 单击“数据”菜单下的“分类汇总”按钮。

③ 在弹出的对话框里进行汇总参数设置，如图 4-33 所示。

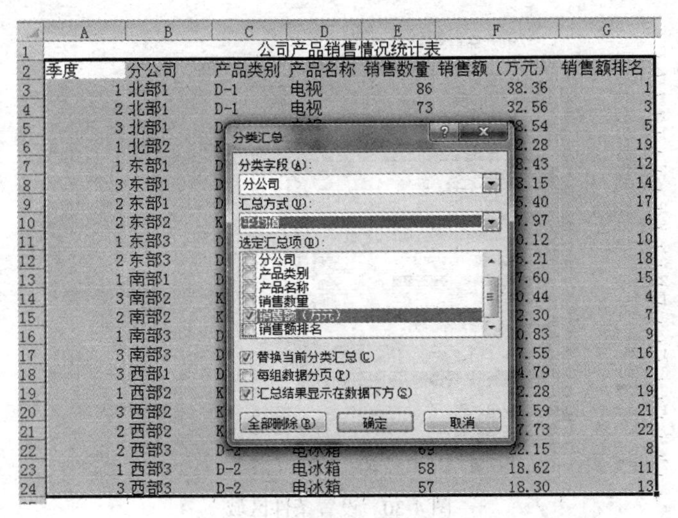

图 4-33　分类汇总参数的设置

④ 单击“确定”按钮就可以看到汇总的结果了，然后将结果中的原始数据隐藏起来，结果如图 4-34 所示。

行	A	B	C	D	E	F	G
1	公司产品销售情况统计表						
2	季度	分公司	产品类别	产品名称	销售数量	销售额（万元）	销售额排名
6		**北部1 平均值**				33.15	
8		**北部2 平均值**				12.28	
12		**东部1 平均值**				17.33	
14		**东部2 平均值**				27.97	
17		**东部3 平均值**				17.67	
19		**南部1 平均值**				17.60	
22		**南部2 平均值**				26.37	
25		**南部3 平均值**				19.19	
27		**西部1 平均值**				34.79	
31		**西部2 平均值**				10.53	
35		**西部3 平均值**				19.69	
36		**总计平均值**				20.96	

图 4-34　分类汇总后的结果

（6）取消汇总。

在“分类汇总”对话框中单击“全部删除”按钮，就可取消所有汇总。

四、实验任务

【任务一】　建立一个图 4-35 所示的数据清单，要求完成如下操作。

（1）将数据清单按照主要关键字“系别”“降序”和次要关键字“总成绩”“降序”进行重新排列记录。

（2）按系别分类统计总成绩的平均值。

【任务二】　建立一个图 4-36 所示的数据清单，要求完成以下操作。

（1）使用自动筛选功能筛选出计算机系的所有学生选课成绩记录情况，进一步筛选成绩在 80 分以上的学生信息。

（2）先恢复原始记录数据，然后使用高级筛选功能筛选出信息系且选修课程成绩在 85 分（不含 85 分）以上学生的记录情况。

（3）创建一个数据透视表，通过透视表可以方便查看不同系别不同课程成绩的平均值信息。

系别	学号	姓名	考试成绩	实验成绩	总成绩
信息	991021	李新	74	16	90
计算机	992032	王文辉	87	17	104
自动控制	993023	张磊	65	19	84
经济	995034	郝心怡	86	17	103
信息	991076	王力	91	15	106
数学	994056	孙英	77	14	91
自动控制	993021	张在旭	60	14	74
计算机	992089	金翔	73	18	91
计算机	992005	扬海东	90	19	109
自动控制	993082	黄立	85	20	105
信息	991062	王春晓	78	17	95
经济	995022	陈松	69	12	81
数学	994034	姚林	89	15	104
信息	991025	张雨涵	62	17	79
自动控制	993026	钱民	66	16	82
数学	994086	高晓东	78	15	93
经济	995014	张平	80	18	98
自动控制	993053	李英	93	19	112
数学	994027	黄红	68	20	88

图 4-35　学生考试成绩信息表

学生选修课程成绩表

系别	学号	姓名	课程名称	成绩
信息	991021	李新	多媒体技术	74
计算机	992032	王文辉	人工智能	87
自动控制	993023	张磊	计算机图形学	65
经济	995034	郝心怡	多媒体技术	86
信息	991076	王力	计算机图形学	91
数学	994056	孙英	多媒体技术	77
自动控制	993021	张在旭	计算机图形学	60
计算机	992089	金翔	多媒体技术	73
计算机	992005	扬海东	人工智能	90
自动控制	993082	黄立	计算机图形学	85
信息	991062	王春晓	多媒体技术	78
经济	995022	陈松	人工智能	69
数学	994034	姚林	多媒体技术	89
信息	991025	张雨涵	计算机图形学	62
自动控制	993026	钱民	多媒体技术	66
数学	994086	高晓东	人工智能	78
经济	995014	张平	多媒体技术	80
自动控制	993053	李英	计算机图形学	93
数学	994027	黄红	人工智能	68
信息	991021	李新	人工智能	87
自动控制	993023	张磊	多媒体技术	75

选修课程成绩单　Sheet2　Sheet3

图 4-36　选修课程成绩表

第5章 演示文稿制作软件 PowerPoint 2010 实验

PowerPoint 2010 是微软公司推出的 Microsoft Office 2010 软件中的一员，利用 PowerPoint 2010 能制作出包含文本、声音、图形、图像、动画等的形式多样、内容丰富的电子演示文稿。本章的主要目的是使学生熟练掌握应用 PowerPoint 2010 制作电子演示文稿的方法，本章的主要内容包括 PowerPoint 2010 的创建及编辑、演示文稿的修饰和美化、演示文稿的动画效果及放映设置等。

实验 1 PowerPoint 2010 演示文稿的创建及编辑

一、实验目的

1. 掌握演示文稿的创建及保存。
2. 掌握幻灯片的插入、复制、移动、删除等基本操作。
3. 学会利用母版、模板、背景等快速修改演示文稿。
4. 学会在演示文稿中插入各种对象，如文本框、图片、图表、媒体文件、页眉页脚等。
5. 掌握演示文稿的美化技巧。

二、相关知识

PowerPoint 2010 是一款专门用来制作演示文稿的软件，对于初学者来说要注意以下 3 个方面。

1. 了解文档操作

PowerPoint 2010 文档是一个以“.pptx”为扩展名的文件，文档的主要操作包括文件的创建、保存、关闭、打开及打印等，所有这些操作都可以在打开 PowerPoint 2010 后，在“文件”菜单选项卡中进行命令选择。

2. 注意条理性

使用 PowerPoint 2010 制作演示文稿的目的，是要将叙述的问题以提纲挈领的方式表达出来，使观众一目了然。一个好的演示文稿应紧紧围绕所要表达的中心思想，划分不同的段落层次，编制文档目录，文章的主题要与演示的目的协调配合，同时要保持淳朴自然、简洁一致，不要太过花哨。

3. 使用技巧实现特殊效果

为了阐明一个问题经常采用一些图表和一些特殊的动画效果，如果需要在 PowerPoint 中引用其他的文档资料、表格或图片等，必须使用超级链接，但一定要注意设置好返回链接。

三、实验演示

【例 5.1】 创建或打开演示文稿。

（1）新建空白演示文稿。

具体操作步骤如下。

① 单击桌面左下角【开始】|【程序】|【Microsoft office】|【Microsoft PowerPoint 2010】，启动 PowerPoint 2010，系统会自动新建一个空白演示文稿，该演示文稿只包含一张幻灯片，使用的是默认设计模板，版式为“标题幻灯片”，文件名为“演示文稿 1.pptx”，如图 5-1 所示。

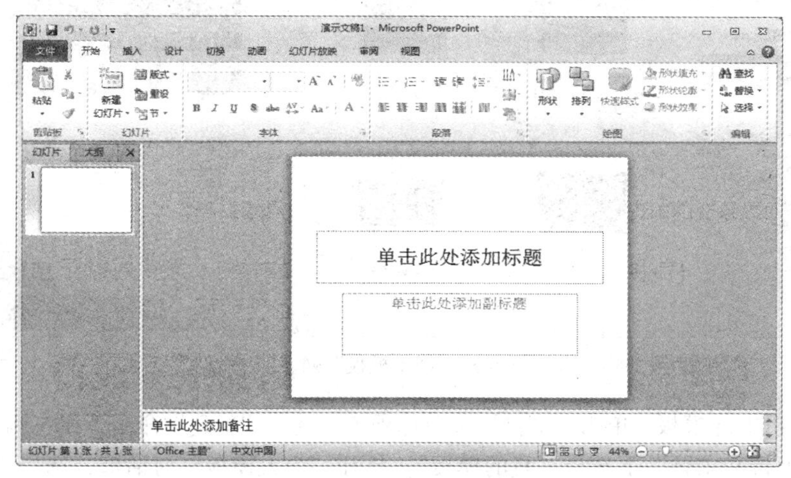

图 5-1　空白的演示文稿

② 若 PowerPoint 2010 应用程序已启动，单击窗口左上角的“文件”菜单选项卡，在弹出的命令项中选择“新建”命令，在右侧打开的任务窗格中“可用的模板和主题”下选择“空白演示文稿”，如图 5-2 所示。单击“创建”按钮，创建空白演示文稿。

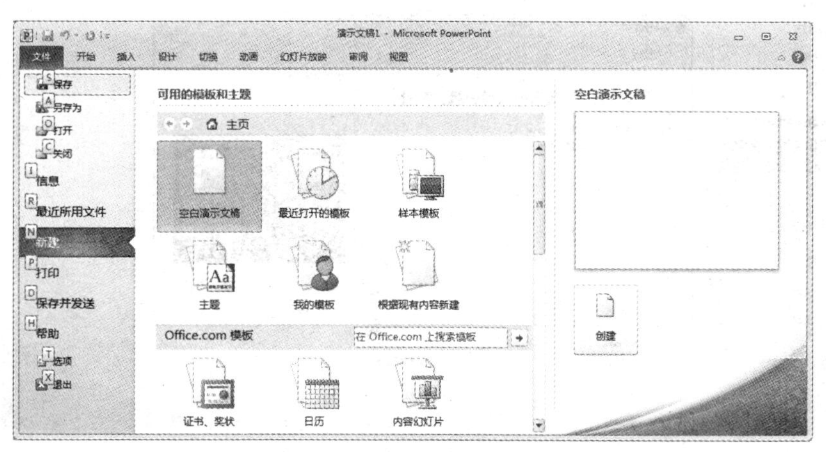

图 5-2　“新建演示文稿”对话框

说明：用空白演示文稿创建演示文稿，用户可以充分发挥自己的创造力制作出独具风格的演示文稿，推荐初学者使用。

（2）用模板创建演示文稿。

具体操作步骤如下。

① 使用内置模板。单击“文件”菜单选项卡，选择“新建”命令，在右侧打开的任务窗格中“可用的模板和主题”下选择“样本模板”，如图 5-3 所示，从中选择一种模板，然后单击“创建”按钮，创建一个基于该模板的演示文稿。

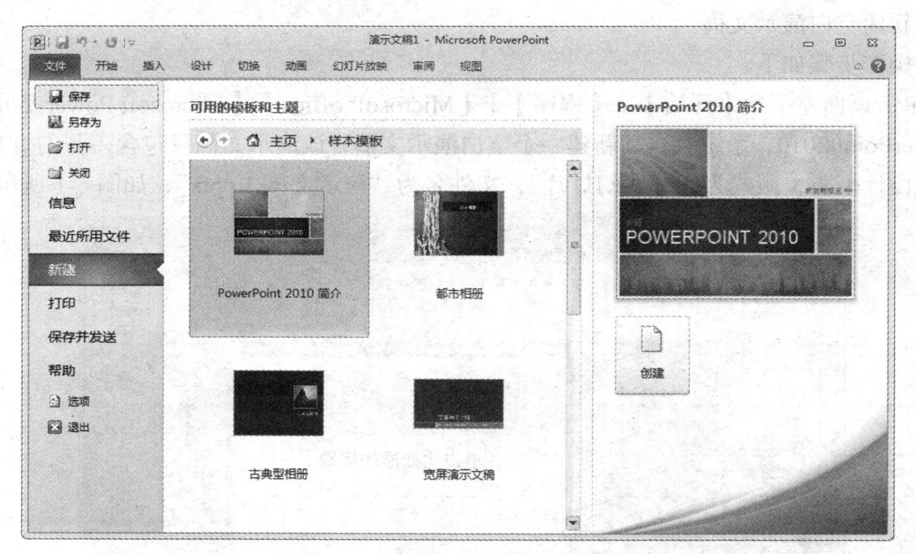

图 5-3 “样本模板”列表

② 使用本机上的模板。单击“文件”菜单选项卡，选择“新建”命令，在右侧打开的任务窗格中“可用的模板和主题”下选择“我的模板”，打开“个人模板”对话框，选择所需要的模板，如图 5-4 所示，然后单击“确定”按钮，即可将该模板应用于演示文稿中。

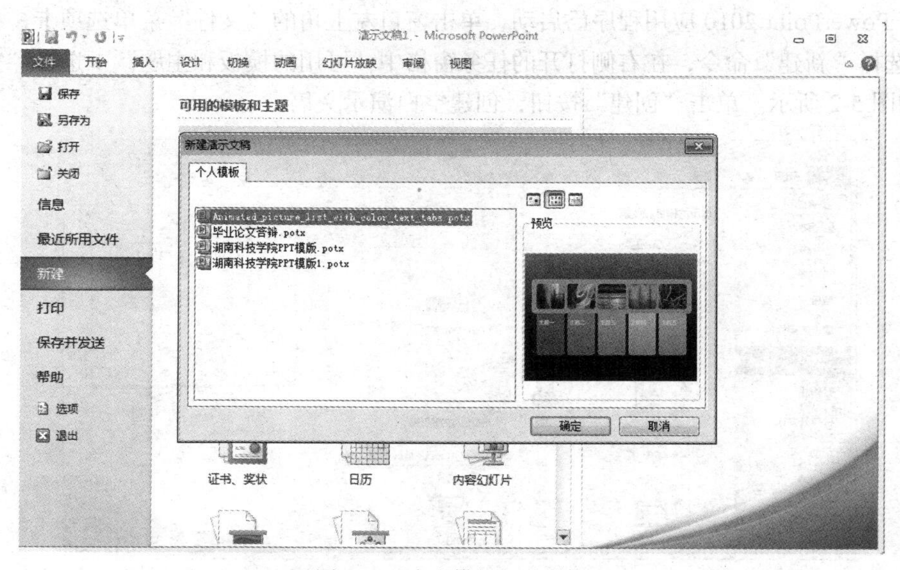

图 5-4 “个人模板”对话框

③ 使用 office.com 模板网站上的模板。单击“文件”菜单选项卡，选择“新建”命令，在右侧打开的任窗格中“可用的模板和主题”的“office.com 模板”下选择所需要的模板，将其下载并安装到用户的系统中，当下次使用时就可直接单击“创建”按钮了。

说明：用模板创建演示文稿，可以采用系统提供的不同风格的设计模板，将它套用到当前的演示文稿中。

（3）根据现有的演示文稿创建新的演示文稿。

具体操作步骤如下。

单击“文件”菜单选项卡，选择“新建”命令，在右侧打开的任务窗格中“可用的模板和主题”下选择“根据现有内容新建”，打开“根据现有演示文稿新建”对话框，选择合适的演示文稿，如图 5-5 所示，然后单击“打开”按钮，将选中的演示文稿调入当前的编辑环境。用户在该演示文稿的基础上编辑修改。

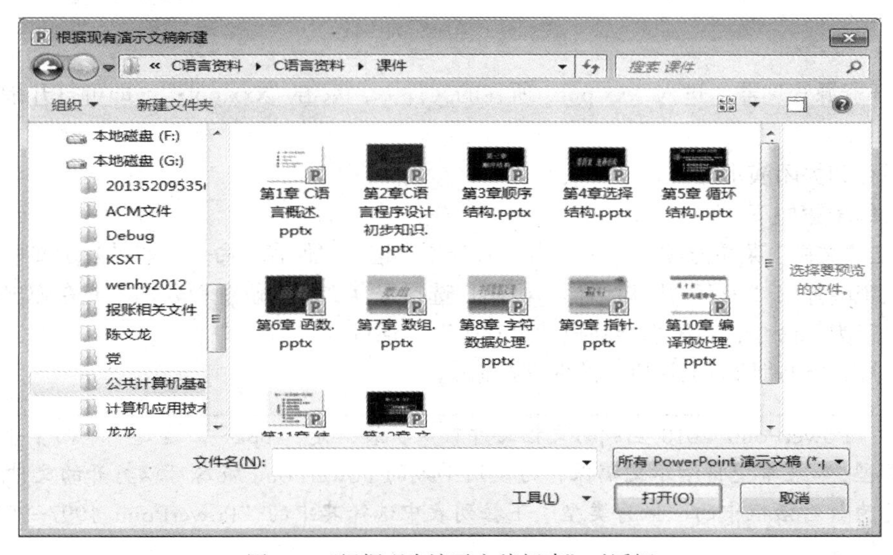

图 5-5 “根据现有演示文稿新建”对话框

说明：用户选择一个已经做好的演示文稿文件作参考创建新的演示文稿，只是创建了原有演示文稿的副本，不会改变原文件的内容。

（4）根据主题创建演示文稿。

具体操作步骤如下。

单击“文件”菜单选项卡，选择“新建”命令，在右侧打开的任务窗格中“可用的模板和主题”下选择“主题”，打开“主题”列表框，如图 5-6 所示。在“主题”列表框中选择合适的主题，如暗香扑鼻、奥斯汀、跋涉、波形等，单击“创建”按钮，即可创建一个基于该主题的演示文稿。

（5）打开已有的演示文稿 xxx.pptx。

具体操作步骤如下。

① 在 PowerPoint 窗口中单击“文件”菜单选项卡，在弹出的命令项中选择“打开”命令，打开“打开”对话框，进入 xxx.pptx 所在的文件夹选定 xxx.pptx，单击“打开”按钮后，该演示文稿就被调入 PowerPoint 窗口中了，这时可对演示文稿进行编辑、修改等操作，并可以在 PowerPoint 环境中播放该演示文稿。

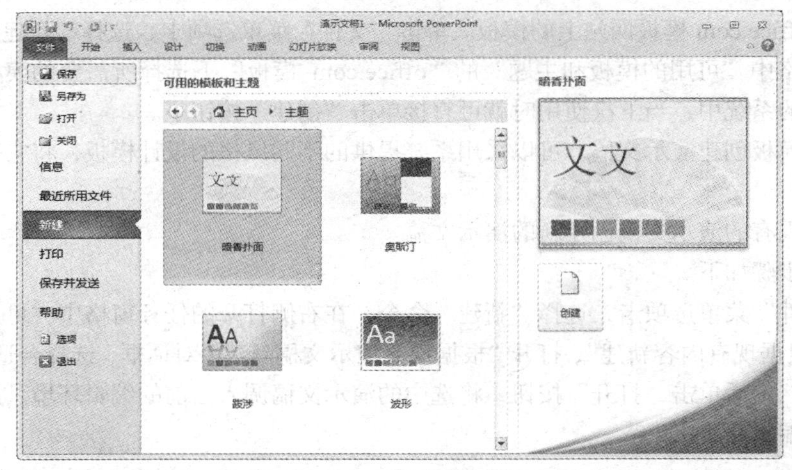

图 5-6 “主题”列表框

② 打开资源管理器，进入 xxx.pptx 所在的文件夹，双击“xxx.pptx”，即可打开指定的演示文稿。

（6）保存和关闭演示文稿。

具体操作步骤如下。

① 单击“文件”菜单选项卡，在弹出的命令项中选择“保存”命令，如果演示文稿是第一次保存，则系统会弹出“另存为”对话框，由用户选择保存文件的位置和名称。或在弹出的命令项中选择“另存为”命令，系统也会弹出“另存为”对话框。

② 或单击“快速访问工具栏”的保存按钮。

PowerPoint 2010 生成的文档文件默认扩展名是“.pptx”，这是一个向下兼容的文件类型，如果希望将演示文稿保存为使用早期的 PowerPoint 版本可以打开的文件，则在“另存为”对话框中的“保存类型”下拉列表中选择其中的“PowerPoint 1997-2003 演示文稿”选项。

【例 5.2】 演示文稿中幻灯片的编辑。

（1）新建幻灯片。

具体操作步骤如下。

① 在大纲视图的结尾按回车键。此时在演示文稿的结尾处出现一张新幻灯片，该幻灯片直接套用前面那张幻灯片的版式。

② 或单击“开始”菜单选项卡中的“新建幻灯片”命令。此时会在屏幕上出现一个“office 主题”下拉菜单，可以选择所需要的版式。

（2）插入和删除幻灯片。

具体操作步骤如下。

① 插入幻灯片。在演示文稿的浏览视图或普通视图的大纲窗格中，选择要在其后插入新幻灯片的幻灯片，直接按回车键添加与其同一版式的幻灯片；或单击“开始”菜单选项卡中的“新建幻灯片”命令在“office 主题”下拉菜单选择一个合适的版式，单击即可完成插入。

② 删除幻灯片。选择要删除的幻灯片，单击“开始”菜单选项卡中的“剪切”命令，或按 Delete 键。

（3）调整幻灯片的位置。

具体操作步骤如下。

选中要移动的幻灯片，按住鼠标左键，拖动到合适的位置松手，在拖动的过程中，在浏览视图中有一条竖线指示幻灯片移动目标位置，在普通视图下有一条横线指示演示文稿的位置；或选中要移动的幻灯片，单击“开始”菜单选项卡中的“剪切”命令，然后在目标位置单击“开始”菜单选项卡中的“粘贴”命令。

（4）隐藏幻灯片。

具体操作步骤如下。

单击“视图”菜单选项卡中的“演示文稿”组中的“幻灯片浏览”命令，右击要隐藏的幻灯片选择“隐藏幻灯片”命令，该幻灯片右下角的编号上出现一条斜杠，表示该幻灯片已被隐藏起来了。

若想取消隐藏，则选中该幻灯片，再一次单击“隐藏幻灯片”命令。

（5）为幻灯片编号和插入页眉页脚。

具体操作步骤如下。

单击“插入”菜单选项卡中的“幻灯片编号”命令，出现如图 5-7 所示的对话框，进行相应的设置，根据需要单击“全部应用”按钮或“应用”按钮。

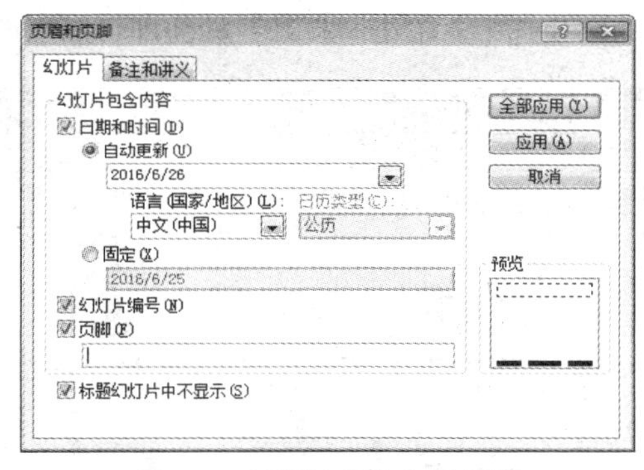

图 5-7　“页眉和页脚”对话框

【例 5.3】　演示文稿中幻灯片内容的编辑。

（1）文本编辑与格式设置。

具体操作步骤如下。

① 启动 PowerPoint 2010，系统会自动新建一个空白演示文稿如图 5-1 所示，在“单击此处添加标题”占位符处输入一个标题，在“单击此处添加副标题”占位符处输入一个副标题。

② 单击“开始”菜单选项卡中的“新建幻灯片”命令，在“office 主题”下拉菜单选择“空白”版式，插入新幻灯片。

③ 单击“插入”菜单选项卡中的“文本框”命令，在其下拉列表中选择文字排列方式，然后将鼠标移动到幻灯片中，按下鼠标拖动创建一个文本框，然后在文本框中输入一段文字。

④ 对刚输入的文本进行格式设置。单击该文本所在的文本框，选中其中包含的全部文本，然后单击“开始”菜单选项卡“字体”组中的各个命令按钮对文字的格式进行设置，或单击“字体”组右下角的“其他”按钮 ，打开“字体”对话框，如图 5-8 所示，对字体、字号、颜色等进行设置。

⑤ 对刚输入的文本进行段落格式化设置。选定文本框或文本框中的某段文字，单击“开始”

菜单选项卡“段落”组中的各个命令按钮对文本对齐方式、文本方向等进行设置，或单击“段落”组右下角的“其他”按钮，打开“段落”对话框，如图5-9所示，对对齐方式、缩进格式、段前、段后及行距等进行设置。

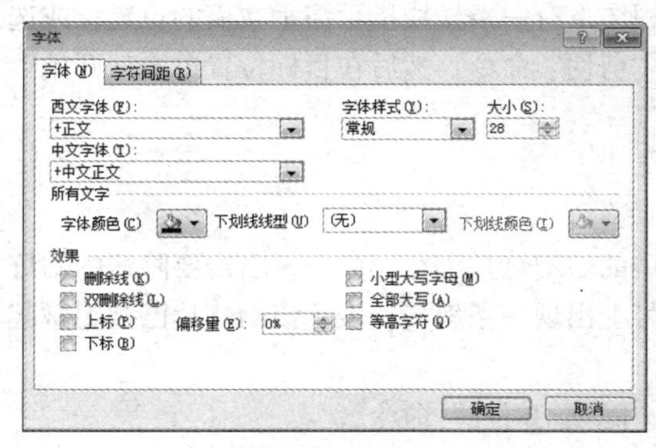

图5-8 “字体”对话框

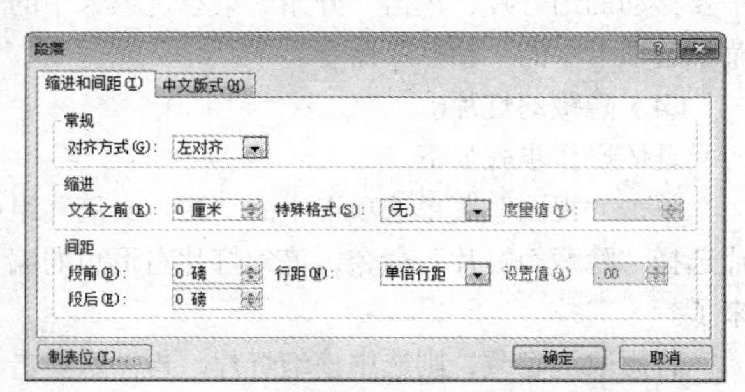

图5-9 “段落”对话框

（2）对象及其操作。

具体操作步骤如下。

① 插入图片。单击“插入”菜单选项卡中的“图片”命令，打开如图5-10所示的“插入图片”对话框，找到自己想要的图片选中，单击“打开”按钮即可插入该图片。

图5-10 “插入图片”对话框

② 插入剪贴画。单击“插入”菜单选项卡中的“剪贴画”命令，在窗口右侧“剪贴画”的搜索框中输入要插入的剪贴画类型，得到所需要的剪贴画插入即可，如图5-11所示。

③ 插入表格和图表。单击“插入”菜单选项卡中的“表格”命令或“图表”命令。如果插入的是表格，在“插入表格”对话框中输入所需表格行数和列数，如图5-12所示，对表格的编辑和Word中表格的编辑相似。如果插入的是图表，则显示“插入图表”对话框，同时将显示一个图表及相关的数据，根据需要，修改表中的标题和数据，对图表的具体操作和Excel中图表的操作相似。

④ 插入层次结构图。单击“插入”菜单选项卡中“插图”组中的“Smart Art”命令，打开如图5-13所示的“选择SmartArt图形”对话框，选择合适的层次结构图的工具和菜单来设计图表。

图 5-11　插入“剪贴画”

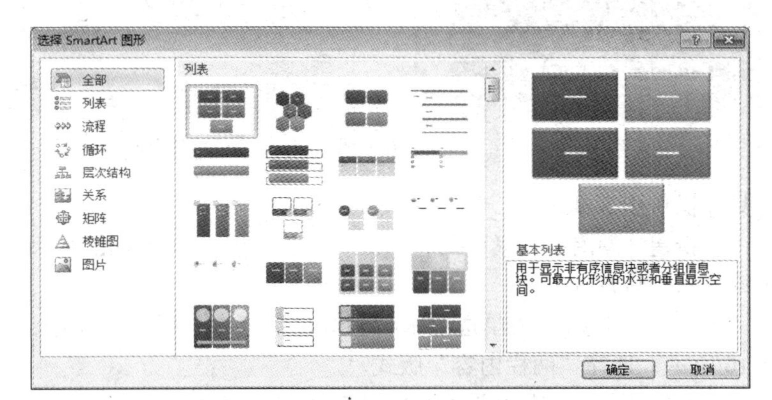

图 5-12　“插入表格”对话框

图 5-13　“选择 SmartArt 图形”对话框

⑤ 插入艺术字。单击“插入”菜单选项卡“文本”组中的“艺术字”命令，选择一种艺术字，如图 5-14 所示，然后再输入相应的文字，对艺术字的编辑和 Word 中艺术字的编辑相似。

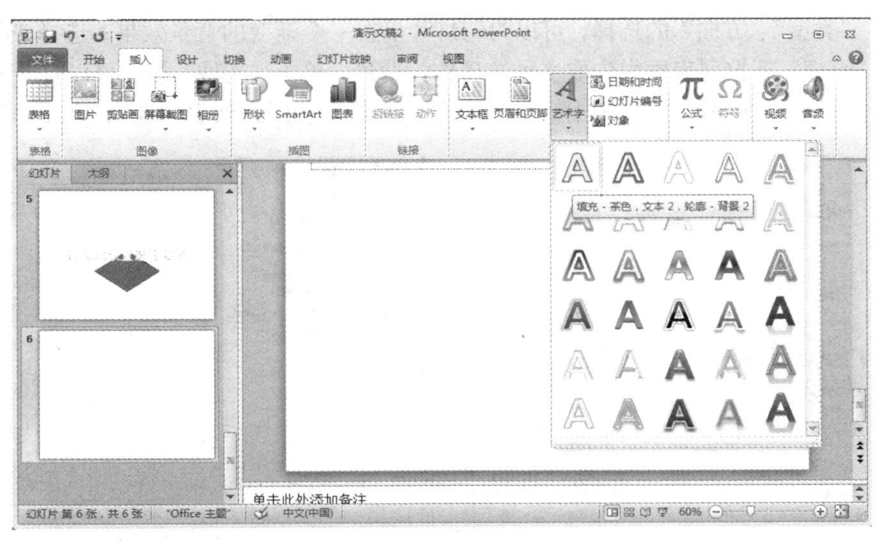

图 5-14　“艺术字”下拉列表框

⑥ 插入自选图形。单击“插入”菜单选项卡中“插图”组中的“形状”命令，打开形状下拉列表框，从中选择合适的形状，在当前幻灯片中拖动鼠标绘制图形。

⑦ 设置对象的格式。选定需要设置格式的对象，功能区上增加“图片工具”的格式选项卡或“绘图工具”的格式选项卡或“图表工具”的格式选项卡等，在选项卡中可对对象的大小、样式、填充颜色、线条颜色等格式进行设置。

【例 5.4】 新建演示文稿，文件名为：湖南科技学院简介.pptx，包含 3 张幻灯片，如图 5-15 所示。将第 2 张幻灯片的版式设置为“两栏内容”，设置第 3 张幻灯片的背景，利用母版设置幻灯片的统一格式，对标题设置为黑体、44 号、红色、加粗字体，对对象区设置为楷体、黑色字。

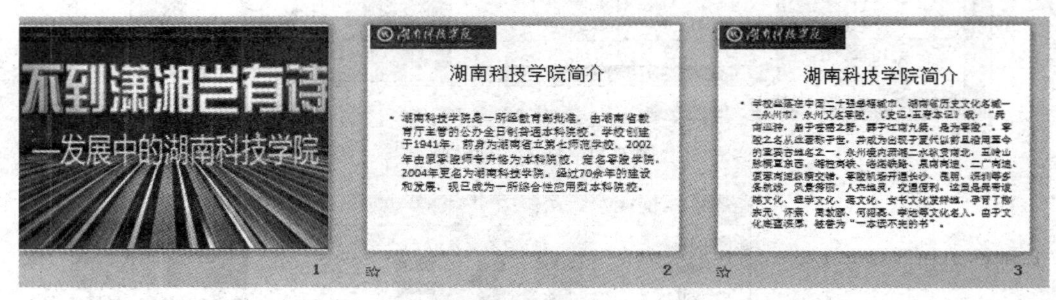

图 5-15　湖南科技学院简介.pptx

具体操作步骤如下。

（1）新建“湖南科技学院简介.pptx”演示文稿，如图 5-15 所示。在左侧的“幻灯片”窗格中选定第 2 张幻灯片。

（2）单击“开始”菜单选项卡“幻灯片”组中“版式”命令，打开“版式”下拉列表，如图 5-16 所示，选择“两栏内容”版式。

（3）在左侧的“幻灯片”窗格中选第 3 张幻灯片。

（4）单击“设计”菜单选项卡“背景”组中“背景样式”命令，或者单击“背景”组中右下角的“其他”按钮 ，打开“设计背景格式”对话框，如图 5-17 所示

（5）选择“纯色填充”，在颜色下拉列表中选择一种颜色作为背景；选择“渐变填充”，通过“预设颜色”“类型”“方向”的选择，可以为幻灯片设置一个渐变的背景效果；选择“图片或纹理填充”，在“纹理”下拉列表框中先取一种纹理作为背景，单击“文件”按钮可以打开一个图片文件，将图片设置为幻灯片的背景；选择“图案填充”，在给定的图案列表中选取一种图案作为背景。

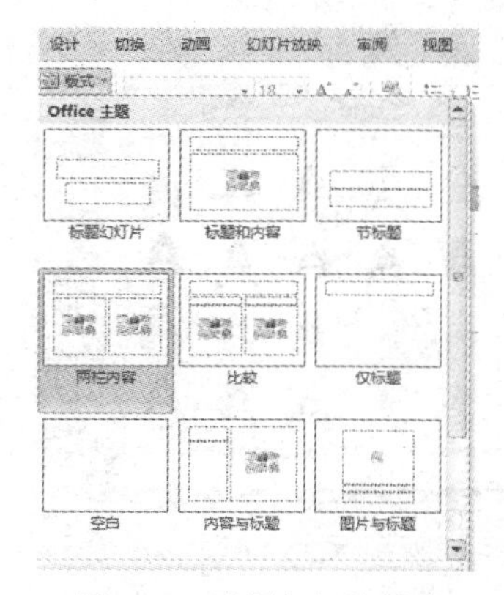

图 5-16　选择幻灯片版式

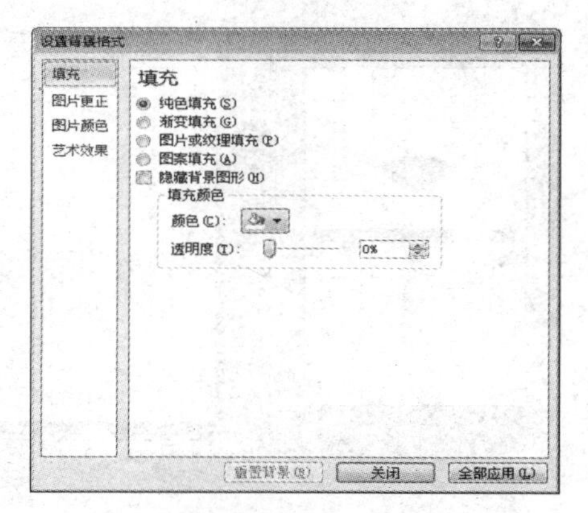

图 5-17　“设置背景格式”对话框

（6）单击“视图”菜单选项卡“母版视图组”组中“幻灯片母版”命令，打开幻灯片母版进行相应的设置。

四、实验任务

【任务一】 以 http://lib.huse.cn/2012 网站中资源为素材，制作演示文稿，演示文稿的内容从图书馆简介、读者服务、精品图书推介等方面介绍湖南科技学院图书馆。要求：

（1）新建一个具有 4 张幻灯片的空演示文稿，并以“图书馆.pptx”为文件名保存。

（2）设置第一张幻灯片的版式为标题幻灯片版式，在幻灯片的标题区输入“湖南科技学院图书馆”字样（可参考图 5-18）。

（3）设置第二张幻灯片的版式为标题和内容幻灯片版式，在幻灯片标题区输入“图书馆简介”字样，在内容区介绍图书馆的基本情况（可参考图 5-18）。在该张幻灯片的制作过程中，注意使用项目编号和符号的排列方式，并学会使用减少和增加缩进量的设置。

（4）设置第三张幻灯片的版式为标题和内容幻灯片版式，在幻灯片标题区输入“读者服务”字样，在内容区介绍读者须知（可参考图 5-18）。

（5）设置第四张幻灯片的版式为标题和内容幻灯片版式，在幻灯片标题区输入“精品图书推介”字样，在内容区介绍推介的精品读书。在该幻灯片中加入表格，以表格的形式显示图书的书目（可参考图 5-18）。

（6）对演示文稿的外观进行设置。加入日期、页脚和幻灯片编号，日期与计算机时钟同步，幻灯片页脚设置为“湖南科技学院图书馆”，在标题幻灯片中不显示。

（7）利用母版设置幻灯片统一格式。对标题设置为楷体、44 号、红色、加粗、倾斜字体，对对象区设置为宋体、黑色、24 号字体，在网上下载一张图书馆图片作为整个幻灯片的背景。

（a）幻灯片 1

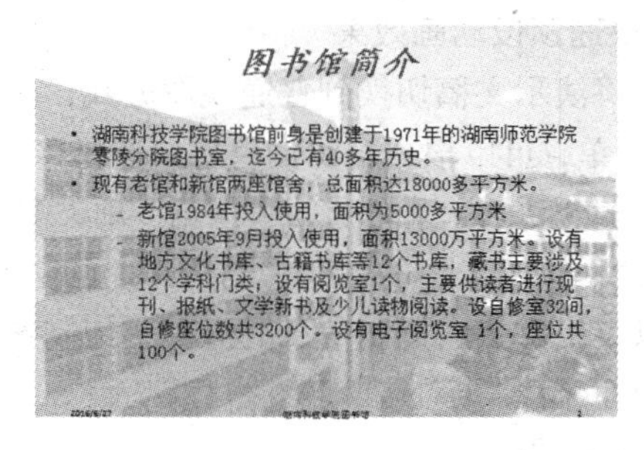

（b）幻灯片 2

读者服务

1、读者入馆需持本人借阅证；
2、注意仪表着装，不得穿背心、超短裤、吊带装、拖鞋入馆；
3、不准高声谈笑、喧哗，主动将通讯工具调为静音状态，不准带小孩在馆内玩耍 ；
4、维护环境卫生，保持馆内清洁。严禁随地吐痰，不准乱扔果皮纸屑，不得携带食品、饮料入馆，馆内严禁吸烟；
5、不得携带易污易燃易爆物品入馆，严禁在正常状态下随意启动馆内各种报警开关；
6、自觉遵守图书馆的各项规章制度，共同营造良好的学习环境和和谐的学习氛围。

（c）幻灯片 3

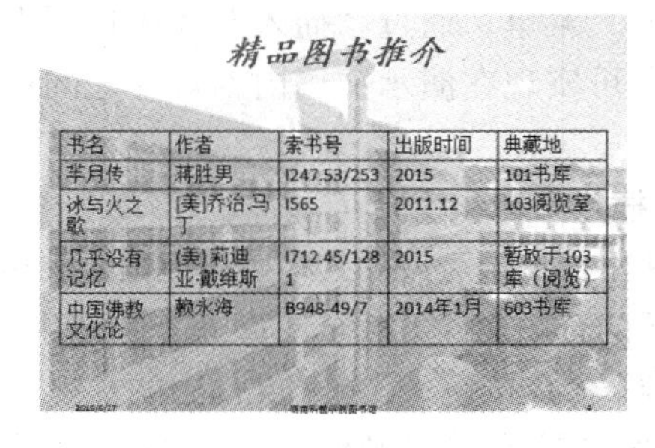

书名	作者	索书号	出版时间	典藏地
芈月传	蒋胜男	I247.53/253	2015	101书库
冰与火之歌	[美]乔治.马丁	I565	2011.12	103阅览室
几乎没有记忆	(美)莉迪亚·戴维斯	I712.45/1281	2015	暂放于103库（阅览）
中国佛教文化论	赖永海	B948-49/7	2014年1月	603书库

（d）幻灯片 4

图 5-18　图书馆示例幻灯片

【任务二】 设计一个介绍中国春节的演示文稿。并满足以下要求。

(1)演示文稿中的幻灯片不能少于5张。

(2)第一张幻灯片的版式是“标题幻灯片”，其中副标题的内容必须是本人的信息，包括“专业、班级、姓名、学号”。

(3)其他的幻灯片中要包含与中国春节相关的文字、图片或艺术字等。

(4)除“标题幻灯片”之外，每张幻灯片上都要显示页码。

(5)至少选择两种“应用设计模板”或“背景”对文件进行设置。

(6)幻灯片的整体布局合理、美观大方。

实验2 演示文稿的动画效果及放映设置

一、实验目的

1. 熟练掌握设置幻灯片动画效果的基本方法。
2. 掌握设置幻灯片切换效果的操作方法。
3. 掌握 PowerPoint 2010 演示文稿中超链接的有关操作。
4. 了解如何在演示文稿上插入声音和视频。
5. 了解演示文稿的放映设置。

二、相关知识

1. 快速预设动画效果

首先将演示文稿切换到普通视图方式，单击需要添加动画效果的对象，将其选中，然后单击“动画”菜单，可以根据自己的喜好，选择“动画”组中合适的效果项。若想观察所设置的动画效果，可单击“动画”菜单上的“预览”项，演示动画效果。在 PowerPoint 2010 中，用户可以通过“动画”菜单选项卡中的命令为幻灯片上的文本、形状、声音和其他对象设置动画或自定义动画，这样可以突出重点，控制信息的流程，使制作的内容更加直观、生动地展示在观众面前，提高演示文稿的趣味性。

2. 添加超链接

首先将演示文稿切换到普通视图方式，单击需要添加超链接的对象，将其选中，然后单击“插入”菜单，通过“插入”菜单选项卡“链接”组中的“超链接”或“动作”命令添加超链接，可实现在演示文稿内幻灯片之间进行跳跃性切换、演示文稿与其他应用程序之间进行切换。

3. 插入声音和视频

在演示文稿中可以加入多媒体元素，如声音、视频。首先，将自己要用的影片文件或想用作背景音乐的音频文件下载至计算机，然后用鼠标单击“插入”菜单选项卡中“媒体”组的“音频”或“视频”命令按钮，选择“文件中的音频”或“文件中的视频”，即可插入自己已下载的音频或视频文件，在幻灯片放映的过程中可以播放音频和视频，从而使得演示文稿图、文、声并茂，更加形象、生动地表达演示内容。

三、实验演示

【例 5.5】 设置动画效果。

（1）新建一个演示文稿“唐诗赏析.pptx”，如图 5-19 所示。将该演示文稿的第 3 张幻灯片设置动画效果。标题的动画效果为“飞入”，效果选项为“自左上部”；文本的动画效果为“轮子”，效果选项为“4 轮副图案”。

具体操作步骤如下。

① 在 PowerPoint 2010 中新建“唐诗赏析.pptx”，如图 5-19 所示，并选中第 3 张幻灯片中的标题。

② 选择“动画”菜单选项卡，单击“动画”组中的“其他”按钮，在打开的下拉列表中选择“进入”中的“飞入”。单击“动画”组中的“效果选项”按钮，在打开的下拉列表中选择“自左上部”。

图 5-19　唐诗赏析.pptx

③ 在当前幻灯片中选中文本。

④ 选择“动画”菜单选项卡，单击“动画”组中的“其他”按钮，在打开的下拉列表中选择“进入”中的“轮子”。单击“动画”组中的“效果选项”按钮，在打开的下拉列表中选择“4 轮副图案”。

（2）为“唐诗赏析.pptx”演示文稿的第 5 张幻灯片的文本添加动画。进入效果为“陀螺旋”；效果选项中的方向选“顺时针”；开始为“单击鼠标时”；动画播放后文字变为红色；声音为“风铃”。对该演示文稿第 5 张幻灯片的左下角的图片添加动画。动画效果为“霹裂”，方向为“中央向左右展开”；开始时间为“在前一动画之后”。

具体操作步骤如下。

① 在 PowerPoint 2010 中打开“唐诗赏析.pptx”演示文稿，并选中第 5 张幻灯片中的文本。

② 选择“动画”菜单选项卡，单击“动画”组中的“其他”按钮，在打开的下拉列表中选择“强调”中的“陀螺旋”。单击“动画”组中的“效果选项”按钮，在打开的下拉列表中选择“顺时针”。单击“显示其他效果选项”按钮打开“陀螺旋”对话框，如图 5-20 所示。在“效

果”选项卡中，声音选择“风铃”，动画播放后选“其他颜色”中的红色；在“计时”选项卡中，开始选择“单击时”。

③ 选中第 5 张幻灯片左下角的图片。

④ 选择“动画”菜单选项卡，单击“动画”组中的“其他”按钮，在打开的下拉列表中选择“进入”中的“霹裂”。单击“动画”组中的“效果选项”按钮，方向选择“中央向左右展开”。在“计时”组中，开始选择“上一动画之后”。

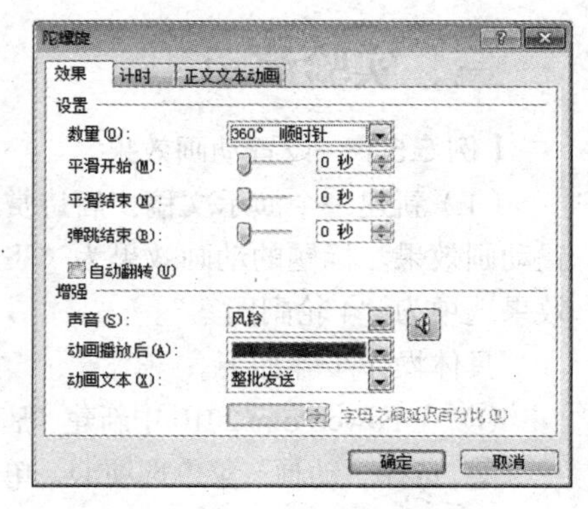

图 5-20 “陀螺旋”对话框

【例 5.6】 设置切换效果。

（1）为“唐诗赏析.pptx”演示文稿的第 4 张幻灯片设置切换效果。切换方式为“擦除”；效果选项为“自左侧”；单击鼠标时换片或每隔 4 秒换片。

具体操作步骤如下。

① 在 PowerPoint 2010 中打开“唐诗赏析.pptx”演示文稿，并选中第 4 张幻灯片。

② 选择“切换”菜单选项卡，单击“切换到此幻灯片”组中的“其他”按钮，在打开的下拉列表中选择“细微型”中的“擦除”。单击“切换到此幻灯片”组中的“效果选项”按钮，在打开的下拉列表中选择“自左侧”。

③ 分别选择“计时”组中的“单击鼠标时”复选框和“设置自动换片时间” 复选框，并将其设置为 4 秒。

（2）将“唐诗赏析.pptx”演示文稿的所有幻灯片的切换效果设置为“旋转”。

具体操作步骤如下。

① 在 PowerPoint 2010 中打开“唐诗赏析.pptx”演示文稿，并选中任意一张幻灯片。

② 选择“切换”菜单选项卡，单击“切换到此幻灯片”组中的“其他”按钮，在打开的下拉列表中选择“动态内容”中的“旋转”。单击“切换到此幻灯片”组中的“效果选项”按钮，在打开的下拉列表中选择“自顶部”。

③ 单击“计时”组中的“全部应用”按钮，将切换效果应用到所有的幻灯片。

【例 5.7】 演示文稿中超链接的设置。

（1）为“唐诗赏析.pptx”演示文稿的第 2 张幻灯片中的文本“4、回乡偶书二首”添加超链接，链接到第 6 张幻灯片。将第一张幻灯片的文本“湖南科技学院”添加超链接，链接到：http://www.huse.edu.cn。

具体操作步骤如下。

① 在 PowerPoint 2010 中打开“唐诗赏析.pptx”演示文稿，并选中第 2 张幻灯片中的文本“4、回乡偶书二首”。

② 选择“插入”菜单选项卡，单击“链接”组中的“超链接”按钮，打开“插入超链接”对话框，如图 5-21 所示。单击“链接到”中“本文档中的位置”打开下拉列表，在列表中选择第 6 张幻灯片，单击“确定”按钮完成设置。

③ 或选择“插入”菜单选项卡，单击“链接”组中的“动作”按钮，打开“动作设置”对话框，如图 5-22 所示。单击“超链接到”，在打开的下拉列表中选择“幻灯片…”，则打开“超链接到幻灯片”对话框，如图 5-23 所示。从中选择幻灯片标题为“6. 回乡偶书二首”的幻灯片，单击“确定”按钮返回“动作设置”对话框，单击“确定”按钮完成设置。

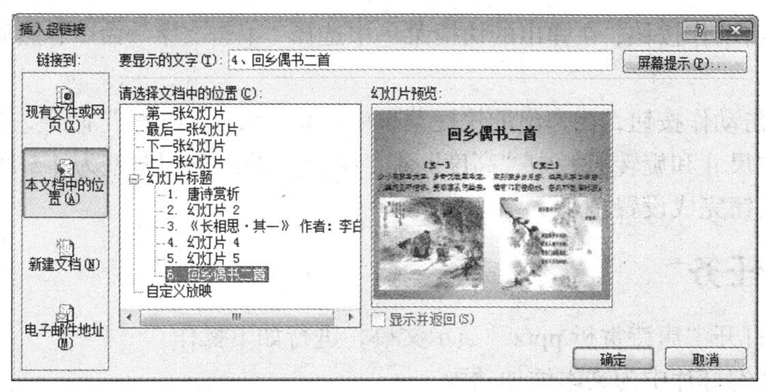

图 5-21　“插入超链接”对话框

④ 选中第 1 张幻灯片中的文本“湖南科技学院”。

⑤ 选择“插入”菜单选项卡，单击“链接”组中的“超链接”按钮，打开“插入超链接”对话框，如图 5-21 所示。单击“链接到”中“现有文件或网页”，在地址栏输入 http://www.huse.edu.cn，单击“确定”按钮完成设置。

⑥ 或选择“插入”菜单选项卡，单击“链接”组中的“动作”按钮，打开“动作设置”对话框，如图 5-22 所示。单击“超链接到”，在打开的下拉列表中选择“URL…”，打开“链接到 URL”对话框，在该对话框中输入 http://www.huse.edu.cn，单击“确定”按钮返回“动作设置”对话框，再单击“确定”按钮完成设置。

（2）为“唐诗赏析.pptx”演示文稿的第 6 张幻灯片的右下角添加自定义动作按钮，按钮高度 1.5 厘米，宽度 4 厘米，按钮文本为“返回”，并为该按钮添加动作设置：鼠标单击时链接到第 2 张幻灯片。

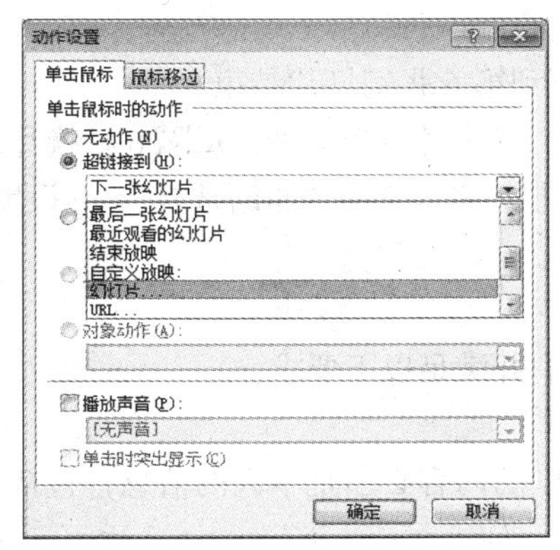

图 5-22　“动作设置”对话框

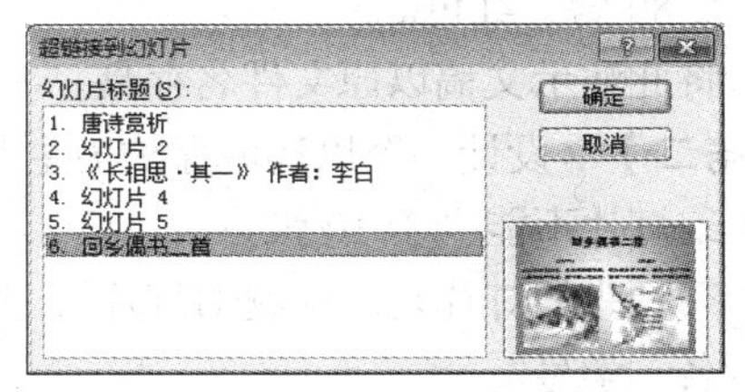

图 5-23　“超链接到幻灯片”对话框

具体操作步骤如下。

① 在 PowerPoint 2010 中打开“唐诗赏析.pptx”演示文稿，并选中第 6 张幻灯片。

② 选择“插入”菜单选项卡，单击“插图”组中“形状”下拉按钮，在打开的下拉列表中选择“动作按钮”中的“自定义”按钮。此时，鼠标指针变成“十”字形，在该幻灯片的右下角按下鼠标左键并拖动，即可添加一个动作按钮，并同时打开如图 5.22 所示“动作设置”对话框。

③ 单击“超链接到”下拉按钮，在打开的下拉列表中选择“幻灯片...”，则打开“超链接到幻灯片”对话框，如图 5-23 所示，从中选择“2. 幻灯片 2”，单击“确定”按钮返回“动作设置”对话框，再单击“确定”按钮完成设置。

④ 用鼠标右击动作按钮，在弹出的快捷菜单中选择“编辑文字”命令，然后在动作按钮中输入文字“返回”。

⑤ 用鼠标右击动作按钮，在弹出的快捷菜单中选择“大小和位置”命令，打开“设置形状格式”对话框，将“尺寸和旋转”栏中“高度”和“宽度”的值分别调整为 1.5 厘米和 4 厘米，然后单击“关闭”按钮完成设置。

四、实验任务

【任务一】 打开“唐诗赏析.pptx”演示文稿，进行如下操作。

（1）在第 1 张幻灯片中为文本添加动画。

① 标题的动画效果为“进入”的“随机线条”，效果选项为“水平”，开始时间为“单击时”。

② 副标题的动画效果为“进入”的“飞入”，效果选项为“自左上部”，开始时间为“上一动画之后”，动画播放后变红色。

③ 其他的文本的动画效果为“进入”中的“形状”，效果选项为“放大”、圆，开始时间为“上一动画之后延时 1 秒”；动画播放后为“下次单击后隐藏”。

（2）为第 2 张幻灯片中的文本和图片分别添加超链接。

① 文本“1. 长相思·其一”链接到第 3 张幻灯片；文本“2. 赠孟浩然”链接到第 4 张幻灯片；文本“3. 登黄鹤楼”链接到第 5 张幻灯；文本“4. 回乡偶书二首”链接到第 6 张幻灯；第 3、4、5 张幻灯片分别自定义一个动作按钮，按钮的高度为“1.7 厘米”，宽度为“3.4 厘米”，按钮文本为“返回”，字体为“宋体”，字号为“25”，加粗，水平居中；并为该按钮添加动作设置，鼠标单击时链接到第 2 张幻灯片。

② 为第 2 张幻灯片的图片添加超链接，链接到 http://lib.huse.cn/2012。

（3）为第 3 张幻灯片设置背景，纹理选择“鱼类化石”。

（4）从第 3 张幻灯片放映时播放一个背景音乐，直到第 6 张幻灯片结束。

（5）第 3 张到第 6 张幻灯片的切换效果为“翻转”、持续时间为 1 秒，每隔 6 秒换片。

（6）在末尾添加一张空白版式的幻灯片，插入文本框，输入文字“谢谢赏析”，并设置字体为华文彩云、80 磅、红色。

最后将此演示文稿以原文件名存盘。

【任务二】 设计一个以环境保护为主题的宣传片。并满足以下要求。

（1）幻灯片不能少于 10 张。

（2）第一张幻灯片是“标题幻灯片”，其中副标题中的内容必须是本人的信息，包括“专业、班级、姓名、学号”。

（3）其他的幻灯片中要包含与题目要求相关的文字、图片或艺术字，并对这些对象设置动画，不同的对象设置不同的动画效果。

（4）除“标题幻灯片”之外，每张幻灯片上都要显示页码，日期与计算机时钟同步。

（5）选择一种“应用设计模板”或“背景”对文件进行设置。

（6）幻灯片之间的切换方式至少要有 3 种。

（7）要求使用超链接，顺利地进行幻灯片间的跳转。

（8）添加背景音乐。

（9）如有需要可添加视频。

（10）幻灯片的整体布局合理、美观大方。

第6章 计算机网络基础与应用实验

目前网络技术发展迅速、应用广泛，网络基础与应用实验是计算机基础实验教学的重要组成部分。实验的目的是为了让学生能够掌握电子邮件系统的组成，学会从 Internet 上申请电子邮箱，熟练掌握 Web 方式的电子邮件的书写和发送，熟练掌握 Outlook 的配置和基本使用方法。了解 IE 浏览器，掌握浏览网页的方法及网页与文件的保存方法，掌握 IE 浏览器的属性设置，掌握收藏夹的添加与管理，掌握通过百度搜索引擎搜索信息的方法，掌握通过浏览器下载文件的方法。

实验1　收发电子邮件

一、实验目的

1. 掌握申请免费邮箱的基本方法及其基本参数的获取。
2. 掌握 Web 方式电子邮件的收方法。
3. 掌握通信簿的使用和管理方法。
4. 掌握 Outlook 2010 邮箱的配置方法。
5. 掌握使用 Outlook 2010 进行电子邮件收发的方法。

二、相关知识

1. 电子邮件的基本组成

电子邮件由两部分组成：邮件头（Header）和邮件主体（Body）；邮件头包括与传输、投递邮件有关的信息，如收件人 E-mail 地址、发件人 E-mail 地址、邮件主题、发送日期等；邮件主体包括发件人和收件人要处理的信息。

2. 电子邮件的格式

电子邮件报文格式中，对邮件主体没有严格的格式要求，即邮件的主体内容部分一般可由用户参照普通信函的格式使用。对邮件头的 E-mail 地址有严格的格式定义，邮件头中 E-mail 地址的标准格式为：用户注册名@邮件服务器域名。

3. 附件和答复邮件

附件用来发送各种多媒体与可执行文件，它并不能像正文一样显示出来，需要先存储在计算机硬盘中再运行。

答复邮件是指用户在接收某个邮件后，向该邮件的发件人发送回信的过程，转发邮件是指用户在接收某个邮件后，将该邮件发送给其他收件人的过程。

4. 邮件协议

简单邮件传输协议（Simple Mail Transfer Protocol，SMTP）是 Internet 上传输电子邮件的标准协议，用于提交和传送电子邮件，规定了主机之间传输电子邮件的标准交换格式和邮件在链路层上的传输机制。

邮局协议（Post Office Protocol，POP），目前是第 3 版，是 Internet 上传输电子邮件的第一个标准协议，提供信息存储功能，负责为用户保存收到的电子邮件，并且从邮件服务器上下载取回这些邮件。

三、实验演示

【例 6.1】 认识国内主要电子邮件系统服务商的电子邮件系统。

（1）sina新浪邮箱电子邮件服务：免费邮箱 http://mail.sina.com.cn/；

VIP 收费邮箱 http://vip.sina.com.cn/。

（2）網易 NETEASE www.163.com 电子邮件服务：163 免费邮箱：http://mail.163.com；

126 免费邮箱：http://www.126.com。

（3）阿里邮箱 个人版 电子邮件服务：https://mail.aliyun.com/。

（4）搜狐闪电邮箱 电子邮件服务：http://mail.sohu.com/。

【例 6.2】 163 免费邮箱的申请与使用。

（1）登录 163 邮件服务系统首页。进入 www.163.com 首页，单击页面顶端的"注册免费邮箱"链接，或直接输入 mail.163.com 进入。

（2）注册 163 免费邮箱。[操作提示：申请自己的邮箱]

① 单击"注册手机号码邮箱"选项卡，进入注册页（提示：也可以选择"注册字母邮箱"）。

② 填写 163 用户名（要取别人好记的用户名）。

③ 输入密码等其他信息（注意提示）后注册完成。若设置忘密问题及答案，可在忘记邮箱密码后通过"忘密查询"功能重新设置密码，因此建议设置，如图 6-1 所示。

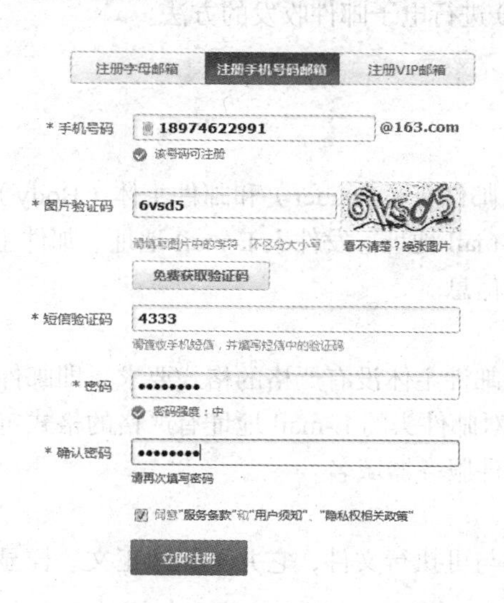

图 6-1 网易 163 免费邮箱注册

账户申请后，您的电子邮件地址为：账户@邮件服务器主机名（或域名），如 18974622991@163.com，lkq@163.com，hzl@126.com 等。

（3）登录邮箱系统。[操作提示：登录自己的邮箱]

① 在 www.163.com 首页顶端单击红色的“登录”按钮，弹出邮箱登录框，输入刚申请的邮件账户及密码，并单击“登录”按钮，如图 6-2 所示。

② 也可登录 mail.163.com 输入邮件账户及密码后登录，如图 6-3 所示。

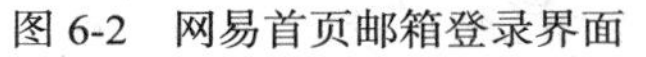

图 6-2　网易首页邮箱登录界面　　　　图 6-3　网易 163 免费邮箱登录界面

（4）写信与电子邮件发送。[操作提示：给自己和另一同学发一封信]

① 单击“写信”按钮，写信界面如图 6-4 所示。

图 6-4　网易 163 邮箱发送界面

② 输入收件人邮件地址和邮件主题、邮件内容后按“发送”按钮即可将邮件发送到指定邮箱。

- 假如要保存发送的信件副本在自己的计算机上，则在写信界面下单击并选择“☑ 保存到有道云笔记”即可。
- 若要收信人收信后自动回信通知您信件已收，则发信时在写信界面下选择“☑ 已读回执”。
- 若要将信件同时发送给多个人，则在收件地址中输入用“,”间隔的多个电子邮件地址即可。例如：

收件人：hzl <hzl@126.com> × lkq <lkq@163.com> × sdjin <sdjin@163.com> × zgl <zgl@sina.com> ×

- 随信要发送其他文件或者图片等文件，则单击"添加附件"按钮，在选择文件对话框中选择要发送的附件文件后单击"打开"按钮即可，一次可以附加多个文件。[操作提示：自己找一个比较小的文件作为附件]

附件总容量不要太大，以防对方邮箱容量不够而拒收邮件，大文件最好用压缩软件进行压缩。

- 要删除已经选择的附件文件，可在附件列表"mysql数据.txt 上传完成 删除"中单击"删除"按钮进行删除。
- 若要设置信纸、文字等格式可用"B I U ……"工具栏。
- 若要使邮件具有背景图片（信纸），可选择"▣"更换信纸式样。

（5）信件阅读、删除、转发、回复。

① 显示邮件列表。单击邮箱左侧的"收信"按钮或者顶端"收件箱"选项，右侧显示了"收件箱"中的邮件列表（包括收信时间、信件发送人的邮箱地址、邮件主题及附件等标记，其中未阅读的标题为粗体，阅读过后的为正常字体。带"📎"标记的表示邮件有附件，如图 6-5 所示。

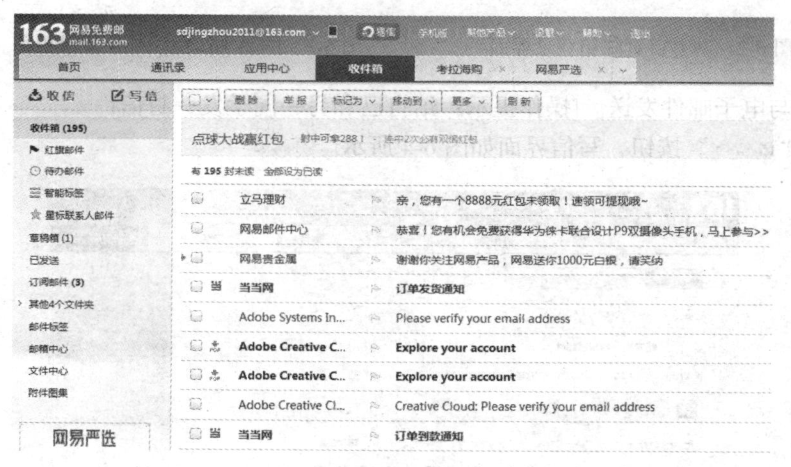

图 6-5 网易 163 收件箱

② 阅读信件。[操作提示阅读同学发给你的信件]

当"收件箱"文件夹有来信（粗体字）时，可用鼠标单击邮件标题，打开邮件进行阅读。

③ 附件的保存与阅读。[操作提示：保存同学发送给您的附件]

若邮件带有附件，则可在阅读信件的界面下，单击"下载附件"将附件下载到本地进行阅读或者使用。

④ 信件的删除。[操作提示：删除同学发给您的信件]

"收件箱"文件夹中通过"☑"选中需要删除的邮件，然后单击界面上方的"删除"按钮即可。

上述删除的邮件被保存到"已删除"文件夹，若这些邮件确实没有用，需要删除的还需要到"其他4个文件夹 已删除"将"已删除"文件选中，单击"彻底删除"按钮清空已删除的邮件。

⑤ 信件的回复与转发。在阅读信件的界面中单击"回复 回复全部 转发"其一即可。回复是给发件人

回信，转发是将当前信件转发给第三方。[操作提示：将一同学发给您的信件转发给另一同学]

（6）通信录的使用。

通信录的作用为保存好友的 E-maiL 地址，以便下次使用，具体操作如下。

“姓名”用于好友设置姓名；“分组”用于分类存放邮件地址，便于查找。

① 通信录管理。单击界面中的“ 通信录 ”卡片，在通信录管理界面作以下操作。

- 组的添加：单击“ ⊕ ”，然后输入组名称并选择组成员即可。[操作：分组名称 2016级新同学 ，添加一个“2016 级新同学”组。]
- 组的编辑。单击界面中需要编辑的组，再单击右侧的“编辑联系组”，界面如图 6-6 所示。

图 6-6　网易 163 邮箱通信录分组情况

- 组的删除。操作同上，单击“删除联系组”按钮即可。

② 联系人操作。

- 添加联系人：打开指定组，然后执行“ 新建联系人 ”命令。
- 删除联系人：打开指定组，选中需要删除的联系人，然后单击“ 删除 ”按钮。

③ 通信录使用：通信录中保存的好友 E-maiL 地址显示在“联系人”界面屏幕的右侧，可单击需要发信的联系人，选中一好友 peijuan_wang@163.com peijuan_wang@163.com ，再单击“ 写信 ”将其地址放入邮件的“收件人”栏中，如图 6-7 所示。

也可通过多次单击通信录中保存的好友将信件发送给不同的多个人（群发）；也可单击组名称，单击“全选”，将全组加入“收件人”中。[操作提示：给“2016 级新同学”组发一封信，内容自定义]。

图 6-7　163 邮箱通信录单个好友发送

【例 6.3】　Outlook 2010 的使用。

Web 型电子邮件系统的好处是信件始终存放在服务器上，客户端不需再安装专门的程序，且与计算机无关，任何计算机均可游览并收发信件，适用于能随处上网的用户。缺点是每次游览信件均需要上网，在无网络环境不能游览信件。若想把邮件下载到本地后脱网阅读，则需要使用专门的电子邮件程序，常用的是 Outlook 2010 或者 Outlook Express，也可用国产的 Foxmail，本实验介绍 Outlook 2010。

（1）Outlook 2010 邮箱设置步骤。

首先打开 Outlook 2010，如图 6-8 所示。

单击图 6-8 上的红色框框选项，弹出界面如图 6-9 所示。

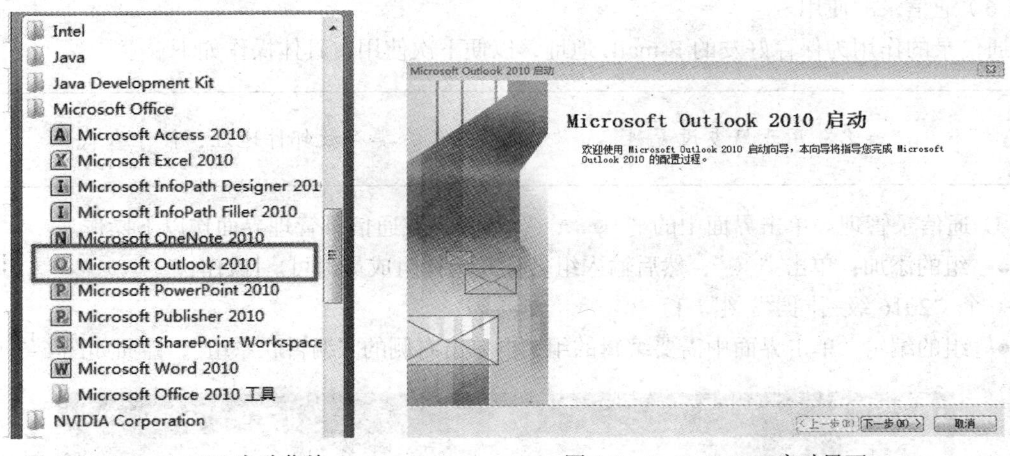

图 6-8　Outlook 2010 启动菜单　　　　图 6-9　Outlook 2010 启动界面

直接单击“下一步”按钮，如图 6-10 所示。

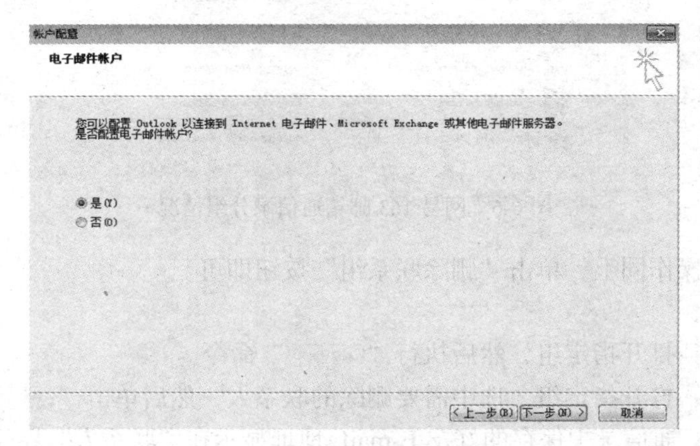

图 6-10　Outlook 2010 账户配置

因为有些邮件服务器还是不能很好地使用“自动账户设置”，所以这里选择“手动配置服务器设置或其他服务器类型”，即图 6-11 所示的红色框框的选项；然后单击“下一步”按钮，如图 6-11 所示。

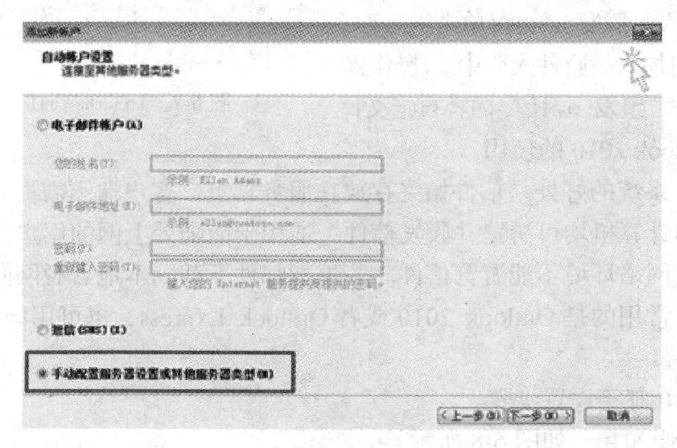

图 6-11　Outlook 2010 添加新账户（一）

如图 6-12 所示，选择“Internet 电子邮件”，单击“下一步”按钮。

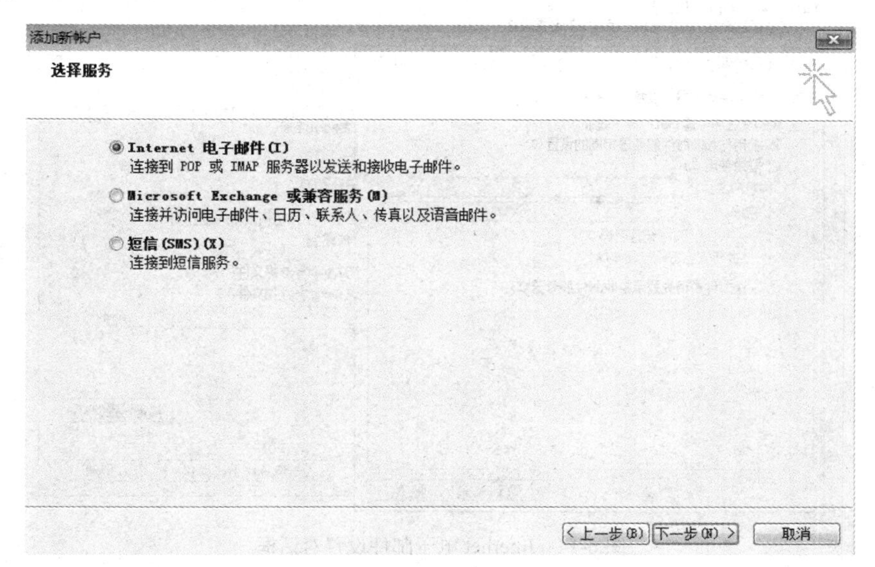

图 6-12　Outlook 2010 添加新账户（二）

弹出“添加新账户”对话框，Internet 电子邮件设置信息如图 6-13 所示。

① 用户信息栏填写姓名和电子邮件地址。

② 服务器信息栏设置指定邮箱的接收、发送邮件服务器。

③ 网易 163 邮箱接收服务器 pop.163.com。

④ 网易 163 邮箱发送邮件服务器 smtp.163.com。

⑤ 登录信息填写邮箱的用户名和密码。

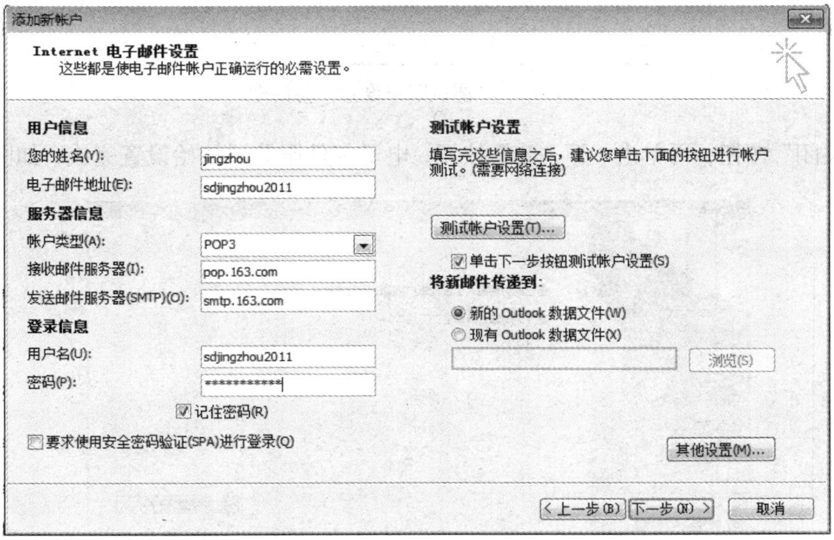

添加新帐户
Internet 电子邮件设置
这些都是使电子邮件帐户正确运行的必需设置。
用户信息
您的姓名(Y): jingzhou
电子邮件地址(E): sdjingzhou2011
服务器信息
帐户类型(A): POP3
接收邮件服务器(I): pop.163.com
发送邮件服务器(SMTP)(O): smtp.163.com
登录信息
用户名(U): sdjingzhou2011
密码(P): ***********
记住密码(R)
要求使用安全密码验证(SPA)进行登录(Q)
测试帐户设置
填写完这些信息之后，建议您单击下面的按钮进行帐户测试。(需要网络连接)
测试帐户设置(T)...
单击下一步按钮测试帐户设置(S)
将新邮件传递到:
新的 Outlook 数据文件(W)
现有 Outlook 数据文件(X)
浏览(S)
其他设置(M)...
< 上一步(B)　下一步(N) >　取消

图 6-13　Outlook 2010 添加新账户（三）

把以上信息填写完整后，单击“其他设置(M)...”按钮，在弹出的对话框中，单击“发送服务器”选项卡，如图 6-14 所示对选项打上对钩。

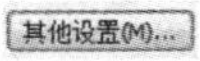

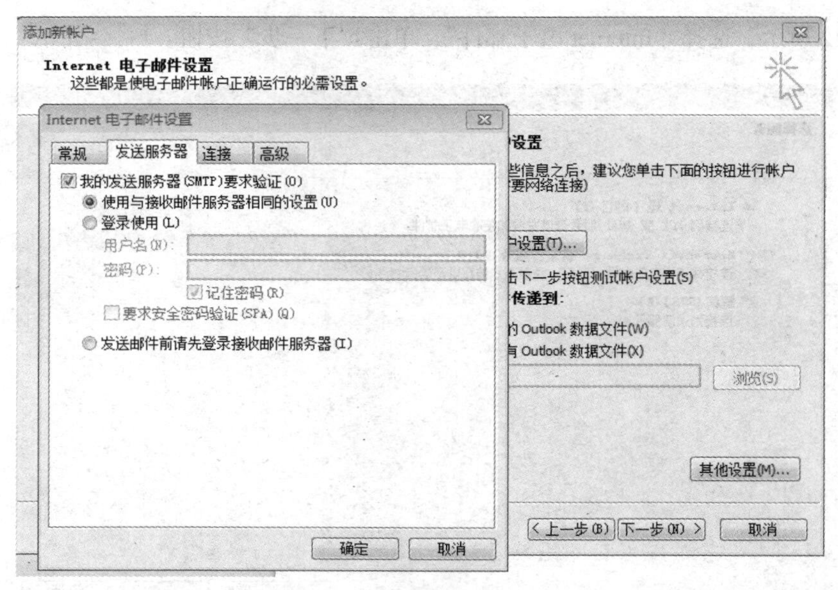

图 6-14　Internet 电子邮件设置对话框

单击“确定”按钮，回到原来的界面，其他的保持默认，这时，单击图 6-13 中的“测试帐户设置(T)...”按钮；如果你的一切信息都是正确的，就会弹出如图 6-15 所示的画面。

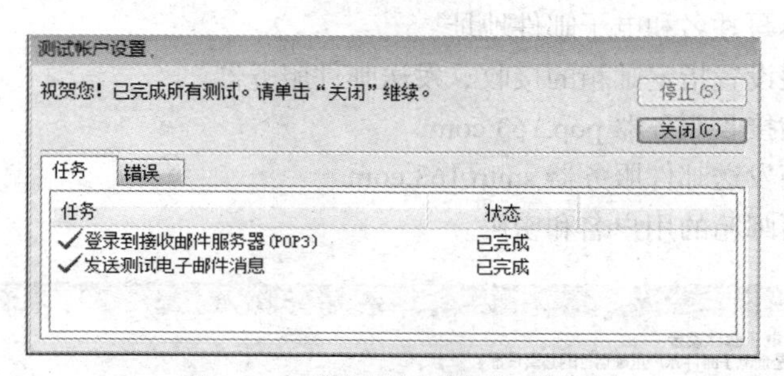

图 6-15　“测试账户设置”对话框

单击“关闭”按钮，再单击“下一步”按钮，电子邮件服务器初始设置完成，如图 6-16 所示。

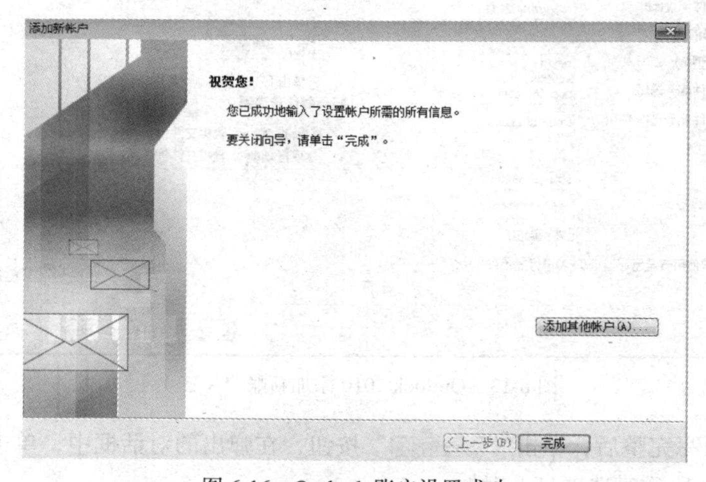

图 6-16　Outlook 账户设置成功

这样就可以在 Outlook 2010 中管理邮箱进行电子邮件的收发了，如图 6-17 所示。

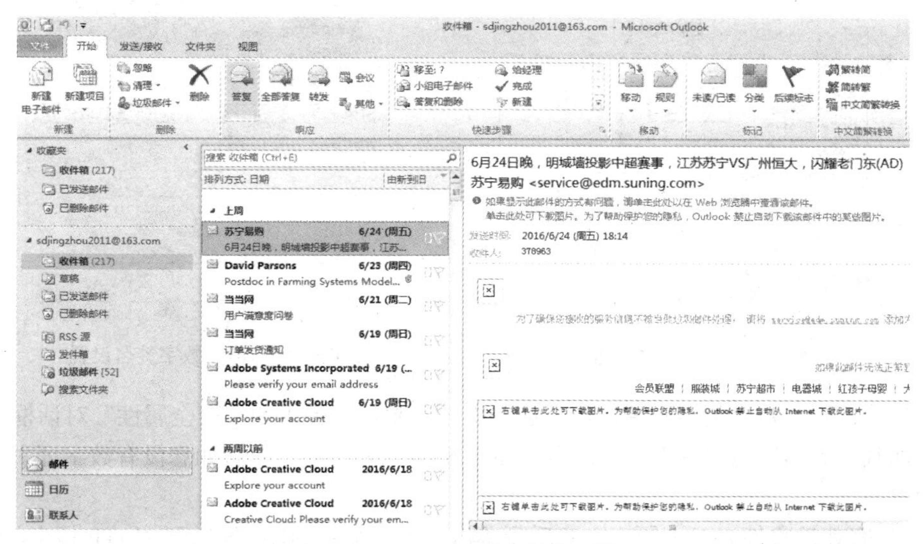

图 6-17 Outlook 电子邮箱管理界面

（2）使用 Outlook 2010 发邮件。

① 单击“ ”，建立新邮件，在新邮件对话框中输入收件人、邮件主题、邮件内容，若需要添加附件则用“ ”命令插入附件。

② 若使用纯文本写信（仅文字，邮件体积小），请执行“设置文本格式”菜单的“Aa 纯文本”命令，若需要设置信件背景、文字大小等，则可设置信件格式为“Aa HTML”，即多信息文本。

③ 若需要设置背景图片，单击“ ”下的“填充效果”，在弹出的对话框中，单击“选择图片”按钮，如图 6-18 所示。

图 6-18 Outlook 电子邮件插入背景图片

④ 要在邮件中插入附件、图片等，可执行“插入”菜单的“附加文件”“图片”等命令。

⑤ 要将信件加密则选中“ 跟踪 ”选项卡的下拉键头，弹出“属性”对话框，单击“安全设置(E)...”按钮（见图 6-19），弹出“安全属性”对话框，在“加密邮件内容和附件”前面打上对钩，如图 6-20 所示。

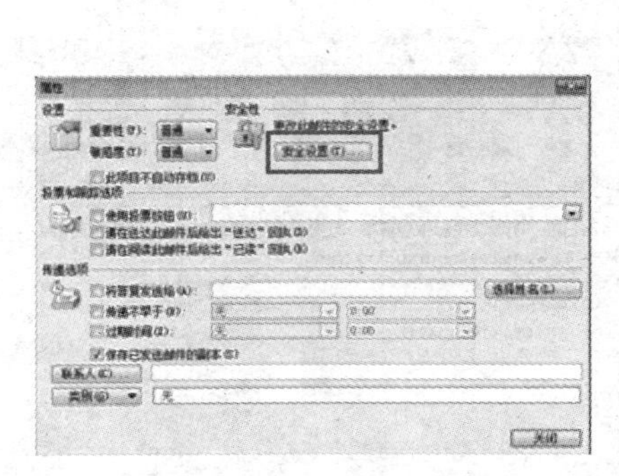

图 6-19　信件加密设置

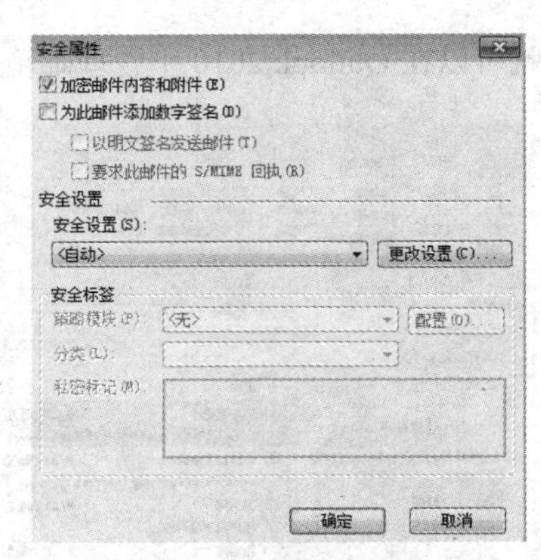

图 6-20　信件数字签名设置

若要将信件进行数字签名则按照信件加密操作步骤，在弹出的“安全属性”对话框中的“为此邮件添加数字签名”前面打上对钩即可，如图 6-20 所示。注意：假如您没有数字证书，不能使用签名功能。

⑥ 填写完邮件收件人、主题、内容后可单击“ ”按钮将邮件发送到 SMTP 指定的服务器，由 SMTP 服务器将邮件传递到收件人邮箱，如图 6-21 所示。

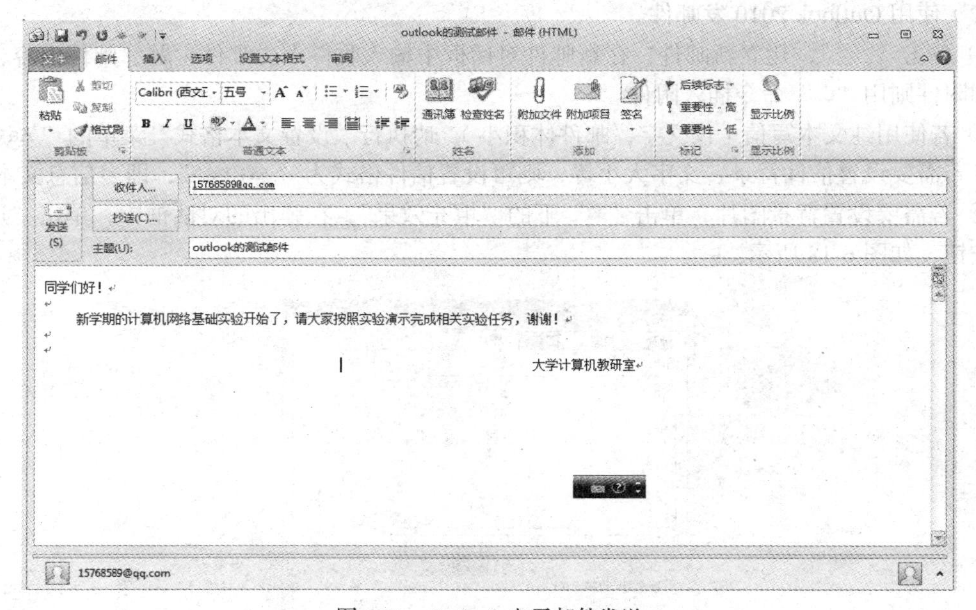

图 6-21　Outlook 电子邮件发送

操作提示 1：新建一封带附件并设置了文字大小的多媒体电子邮件，并将邮件发给您的另一位同学。

操作提示 2：用画笔新建一大小为 400 × 500 像素的图片，将该图片插入新建的邮件中，然后将邮件保存到桌面上，邮件文件名称为自己的学号。

（3）使用 Outlook 2010 收邮件。

鼠标单击工具栏“发送/接收”按钮将设置的邮箱中的信件下载到本机 Outlook 指定的“收件箱”文件夹中。

（4）使用 Outlook 2010 阅读邮件。

打开“收件箱”文件夹，在右侧显示收到的邮件列表。鼠标单击邮件标题，则可在列表右方显示邮件内容。

在邮件列表中带“@”的为有附件。打开信件后，可在附件列表下选中附件，鼠标右键选择“另存为”即可。

四、实验任务

【任务一】　使用电子邮件。具体要求如下。

（1）申请一个免费邮箱（www.163.com）。

（2）将你的朋友添加到“地址簿”中。

（3）使用刚申请的邮箱，给你的朋友发一封带有附件（一张图片或一个 MP3 文件）的邮件。

（4）将上述信件同时发送给多位朋友。

（5）对电子邮箱进行基本设置，自动保存发送的邮件。

（6）设置自动答复邮件，回复内容：“您好！您发送的邮件我已收到！”。

（7）将收到的一封邮件删除。

【任务二】　使用 Outlook 收发邮件。具体要求如下。

（1）在 Outlook 中配置你申请的邮件账号。

（2）将邮件服务器设置为“保留邮件副本”状态。

（3）利用 Outlook 给你的多个朋友同时发一封附有图片的邮件。

（4）接收你朋友发给你的邮件。

（5）将 Outlook 设置为“每隔 5 分钟”检查一次新邮件。

（6）将你朋友的 E-mail 地址添加到地址簿。

实验 2　其他 Internet 的使用

一、实验目的

1. 掌握浏览网页的基本方法。
2. 掌握网页保存的基本方法。
3. 掌握 IE 浏览器的属性设置。
4. 掌握收藏夹的添加与管理。
5. 掌握搜索引擎的使用方法。
6. 掌握文件下载的使用方法。

二、相关知识

要浏览网页，首先要打开网页。通过 IE 浏览器，便可浏览到 Internet 上的众多信息。可以说，浏览器是网络上的“千里眼”，不论距离多远，它都能立刻找到用户想要的信息。

1. IE 浏览器简介

Internet Explorer 是 Microsoft 公司开发的浏览器软件，通常被简称为 IE 浏览器。IE 浏览器软件的版本比较多，常见版本包括 IE 6.0、IE 8.0、IE 10、IE 11 等。

IE 浏览器主要包括 4 个部分：菜单栏、工具栏、地址栏和显示区。其中工具栏中的快捷按钮可以快速完成常用操作。

除了 IE 浏览器之外，常用的浏览器主要包括：Google Chrome、Mozilla Firefox、Apple Safari、Opera，以及含 IE 内核的 360 安全浏览器、搜狗高速浏览器、猎豹安全浏览器、2345 浏览器等。

2. 浏览网页的基本方法

IE 浏览器的基本功能是浏览网页、用户可以通过直接输入 URL 地址，也可以通过超链接打开网页。在通过 URL 地址打开网页时，可用以下几种操作方法：在地址栏中直接输入、通过地址栏的下拉列表、通过工具栏中的快捷按钮、通过历史记录等。

超链接是网页中保存链接地址的重要元素，通过单击超链接可以跳转到其他网页，或打开它链接的文件（如文本、图形、音频与视频等）。超链接包括两种类型：文本超链接与图形超链接。

三、实验演示

【例 6.4】 浏览网页。

（1）打开网页。

单击桌面上或者任务栏上的图标，启动 IE 浏览器，默认打开设置的主页。如果没有设置主页，将显示空白页。根据需要在地址栏输入网站的网址，并按 Enter 键，便可进入相应的网站。图 6-22 所示为打开网易首页的效果。

图 6-22 输入网站网址并打开网页

（2）浏览网页内容。

在浏览器中输入网址并按 Enter 键后，浏览器会打开对应的网页，并在网页浏览区中显示该网页所有内容和超链接。用户单击各超链接，即可查看相关内容。例如，在网易网中浏览新闻，单击网页中的"新闻"超链接进入新闻专题网页，再分别单击各超链接即可查看新闻信息，如图 6-23 所示。

图 6-23　单击查看新闻网页内容

【例 6.5】　保存网页。

在浏览网页的过程中，若觉得某些网页很有保存价值，希望下次还能轻松找到并查看，可以将其保存下来。

（1）保存完整的网页。

打开要保存的网页，在 IE 浏览器中选择【页面】|【另存为】命令，打开“保存网页”对话框，在左侧选择文件的保存路径，在“文件名”文本框中输入文件名称，在“保存类型”下拉列表框中选择保存网页的类型，单击“保存”按钮，如图 6-24 所示。

图 6-24　保存网页对话框

（2）保存文字资料。

当在网上查看到一些感兴趣或者重要的资料想保存时，若依照网页显示的内容逐字录入不免费时费力，通过复制的方法可快速地将资料保存到计算机中。操作方法为：选择所需的文字，单击鼠标右键，在弹出的快捷菜单中选择“复制”命令（也可按 Ctrl + C 组合键），同时新建一个空白 Word 文档或写字板，在文字输入区单击鼠标右键，在弹出的快捷菜单中选择“粘贴”命令（也可按 Ctrl+V 组合键）完成文字的粘贴，然后保存文档。

（3）保存图片资料。

当在网上查看到一些感兴趣图片资料时，只需将鼠标光标放在所需的图片上，单击鼠标右键，在弹出的快捷菜单中选择“图片另存为”命令，打开“保存图片”对话框，输入图片名称和选择保存路径后，单击“保存”按钮，即可完成图片的保存。

说明：IE 浏览器的各个版本不同，它们的界面可能有所差异，但其作用和基本使用方法大致相同。在使用过程中，若 IE 浏览器版本与本书不同，个别命令要稍作调整。

【例 6.6】 IE 浏览器的属性设置。

（1）设置浏览器的主页。

每当我们打开浏览器跳出的不是我们所喜欢的主页时，多少会影响心情，特别是那些难用的主页。为使用方便，建议将经常访问的网站设置为 IE 浏览器的主页。

方法：打开 IE 浏览器，选择【工具】|【Internet 选项】命令，打开“Internet 选项”对话框，选择“常规”选项卡，在“主页”文本框中输入主页网址（如 http://www.hao123.com/），再依次单击 应用(A) 和 确定 按钮完成主页设置，如图 6-25 所示。

（2）清除临时文件和历史文件。

在访问网页时，系统会自动保存相关信息，以供用户在需要时查询。这些信息以临时文件的形式保存在系统文件中，若数量过多，将会占用系统空间，影响系统的正常运行和上网速度。若是公共使用的计算机，可能涉及个人隐私。这时，可通过清除浏览器临时文件和用户上网历史文件，达到恢复系统正常运行和保护隐私的目的。

方法：选择【工具】|【Internet 选项】命令，打开“Internet 选项”对话框，选择“常规”选项卡，单击“浏览历史记录”栏中的 删除(D)... 按钮，如图 6-26 所示打开“删除浏览的历史记录”对话框，选中相关复选框，单击“删除”按钮，返回“Internet 选项”对话框，再单击“确定”按钮即可。

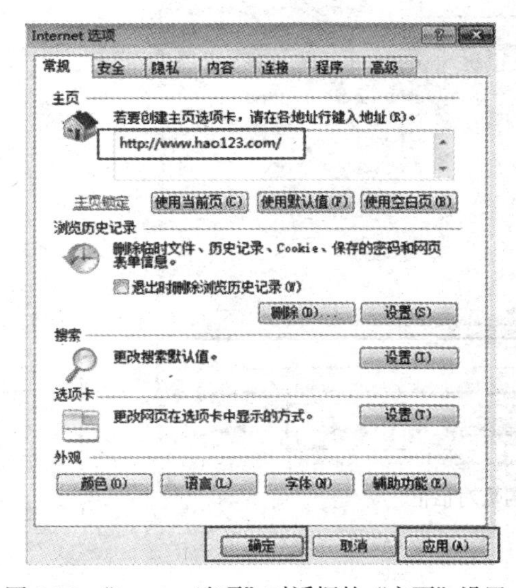

图 6-25 “Internet 选项”对话框的“主页”设置

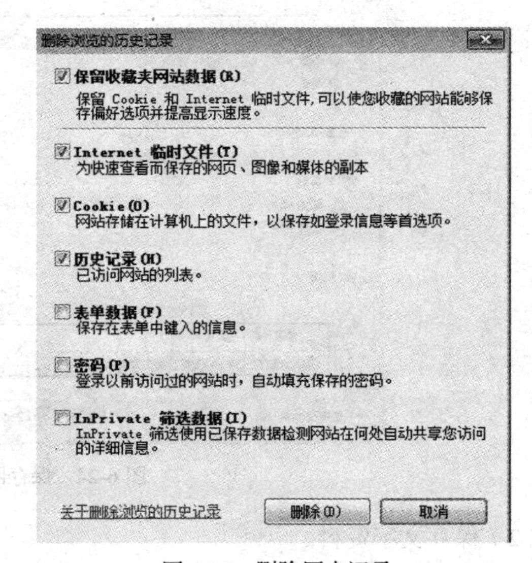

图 6-26 删除历史记录

（3）阻止自动弹出窗口。

在浏览网页时，会突然弹出一些广告、游戏、提示信息等窗口，这些弹出窗口会影响用户心情。利用 IE 浏览器的拦截功能，可封堵这种弹出窗口。

方法：选择【工具】|【Internet 选项】命令，打开“Internet 选项”对话框，选择“隐私”选项卡，选中 启用弹出窗口阻止程序(B) 复选框，即可禁止网页自动弹出窗口，如图 6-27 所示。若不想阻止某个网站弹出的窗口，可单击 启用弹出窗口阻止程序(B) 右侧的 设置(E) 按钮，在打开的窗口就中将网页地址（如 http://www.163.com）添加到“要允许的网站地址”文本框中，再单击 添加(A) 按钮将其添加到“允许的站点”列表中，单击 关闭(C) 按钮返回“Internet 选项”对话框，再单击 应用(A) 和 确定 按钮，如图 6-28 所示。再次启动 IE 浏览器时，IE 就不会阻止来自这个网址的弹出窗口了。

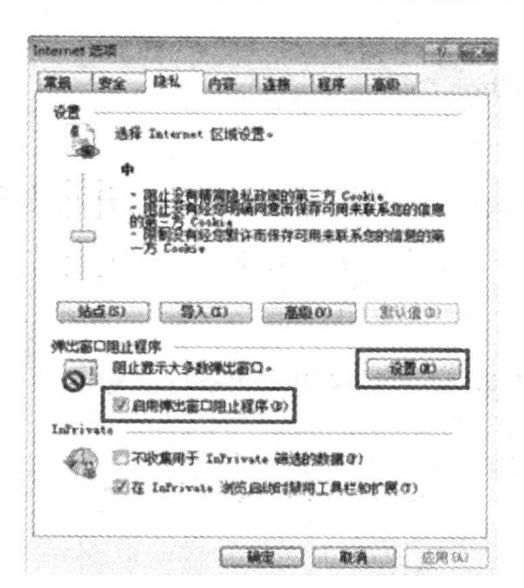

图 6-27 选择“隐私”选项卡

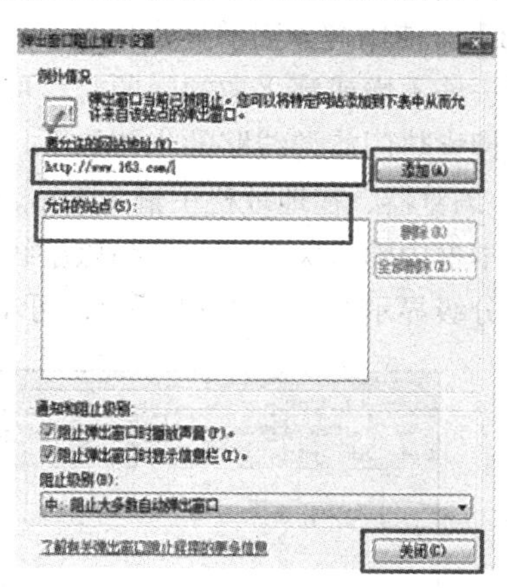

图 6-28 允许某个网页弹出窗口

【例 6.7】 收藏夹的添加与管理。

（1）收藏夹的添加。

用 IE 浏览器打开一个网站，单击【收藏夹】|【添加到收藏夹】命令，在“名称”框里输入设置的名称或用系统自动加的名称，单击“添加”按钮，如图 6-29 所示。

这样在“收藏夹”里已经收藏了“网易”网站。

（2）收藏夹的管理。

打开 IE 浏览器，单击“收藏夹”，里面会出现很多我们曾经收藏过的网站，有时比较混乱，什么网站都有，找起来比较麻烦。单击【收藏夹】|【添加到收藏夹】|【整理收藏夹】命令，这里我们可以新建一个文件夹，将不同的网站进行分类，分别放到相应的文件夹中，这样可以方便以后进行寻找。单击“创建文件夹”，系统会自动在右侧创建一个新的文件夹，此时可以为其命名，此处我们重命名以后的叫“文学类网页”，如图 6-30 所示。

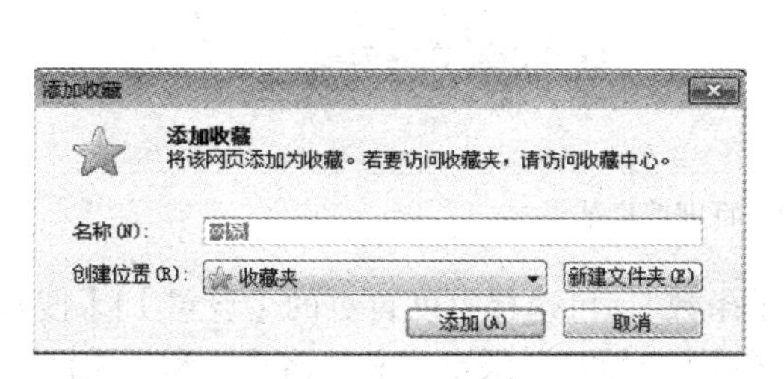

图 6-29 “添加收藏”对话框

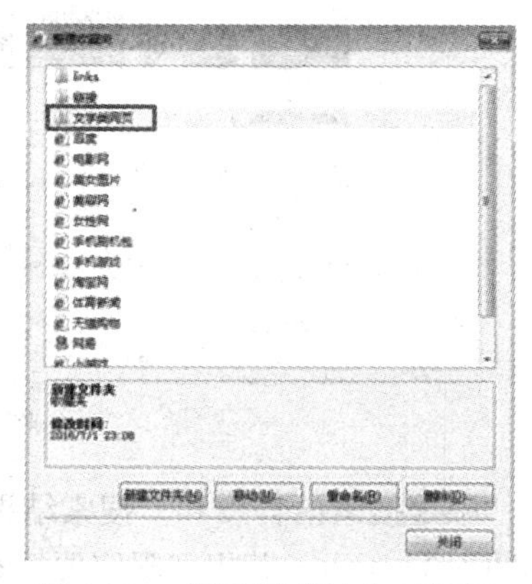

图 6-30 “整理收藏夹”对话框

创建成功后的文件夹是空的，此时我们就可以把相关的网站放到这个文件夹目录下了。将鼠标放到相关网站上，单击鼠标左键直接拖拽到文件夹上面，它就会自动放入该文件夹目录中。在拖曳的时候不要放手，一直拖到文件夹上面的时候再松手鼠标左键。

如果相关的网站没有用，想要删除，你就可以找到这个网站，鼠标左键单击选定，鼠标右键选择“删除”命令即可删除，也可以在选定以后，在“整理收藏夹”对话框中找到 删除(D) 按钮直接删除。

【例 6.8】 使用搜索引擎搜索信息。

在遇到一些不懂或感兴趣的问题时，可通过网络搜索进行了解。

例如，搜索热门旅游线路的步骤如下。

启动 IE 浏览器，在地址栏中输入 http://www.baidu.com，并按 Enter 键，打开百度首页，在百度的搜索文本框内输入关键字“热门旅游线路”，单击“百度一下”按钮，如图 6-31 所示。打开搜索结果并分级显示，如图 6-32 所示，可单击其中任一项超级链接。

图 6-31　百度搜索首页

图 6-32　百度搜索结果

若想“限定搜索语言”和“搜索结果显示条数”，可选择百度首页的【设置】|【搜索设置】命令，如图 6-33 所示；若想“限定要搜索的网页的时间”、限定“文档格式”和“关键词位置”，可选择百度首页的【设置】|【高级搜索】命令，如图 6-34 所示。

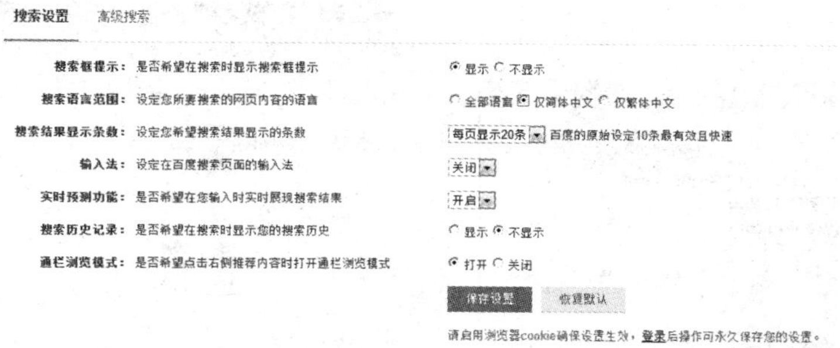

搜索设置　高级搜索

搜索框提示：是否希望在搜索时显示搜索框提示　◉ 显示 ○ 不显示
搜索语言范围：设定您所要搜索的网页内容的语言　○ 全部语言 ☑ 仅简体中文 ○ 仅繁体中文
搜索结果显示条数：设定您希望搜索结果显示的条数　每页显示20条　百度的原始设定10条最有效且快速
输入法：设定在百度搜索页面的输入法　关闭
实时预测功能：是否希望在您输入时实时展现搜索结果　开启
搜索历史记录：是否希望在搜索时显示您的搜索历史　○ 显示 ◉ 不显示
通栏浏览模式：是否希望点击右侧推荐内容时打开通栏浏览模式　◉ 打开 ○ 关闭
保存设置　恢复默认
请启用浏览器cookie确保设置生效，登录后操作可永久保存您的设置。

图 6-33　百度搜索设置

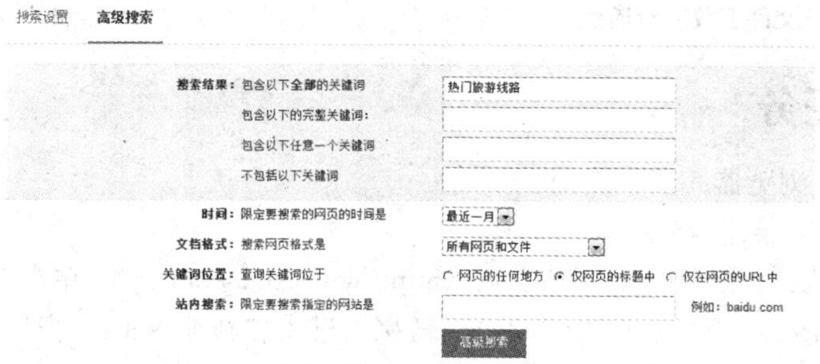

搜索设置　高级搜索

搜索结果：包含以下全部的关键词　热门旅游线路
包含以下的完整关键词：
包含以下任意一个关键词
不包括以下关键词
时间：限定要搜索的网页的时间是　最近一月
文档格式：搜索网页格式是　所有网页和文件
关键词位置：查询关键词位于　○ 网页的任何地方 ◉ 仅网页的标题中 ○ 仅在网页的URL中
站内搜索：限定要搜索指定的网站是　例如：baidu.com
高级搜索

图 6-34　百度高级搜索

【例 6.9】　文件下载。

除了文字和图片资料外，有时需要下载一些文件资料，如音乐、视频、游戏和其他一些应用软件。这些文件无法复制、粘贴得到，必须通过网络下载将其复制到本地计算机上。

例如，下载“WinRAR”压缩及解压缩软件的步骤如下。

启动 IE 浏览器，在地址栏输入 http://www.baidu.com，打开百度首页，在搜索文本框中输入“WinRAR”，单击“百度一下”按钮。

在打开的网页中列出了很多 WinRAR 的链接及下载点，根据具体情况选择需要下载的 WinRAR 软件，这里单击 WinRAR最新官方版下载_百度软件中心，如图 6-35 所示。弹出新的网页后，单击按钮，弹出“文件下载”对话框，如图 6-36 所示，单击“保存”按钮，弹出“另存为”对话框，再单击“保存”按钮，保存位置选择“桌面”，如图 6-37 所示，则该文件就下载到本地计算机的桌面上了。

图 6-35　百度搜索 WinRAR

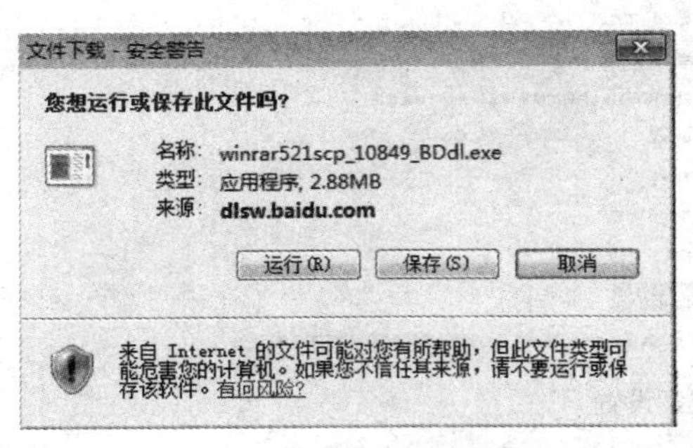

图 6-36 “文件下载”对话框

图 6-37 “另存为”对话框

四、实验任务

【任务一】 IE 浏览器的基本使用。

（1）启动 IE 浏览器并浏览网页，要求：

① 启动 IE 浏览器，访问新浪网站主页（http://www.sina.com.cn），单击主页上方的“新闻”链接，进入“新闻中心”窗口，单击“NBA”链接，进入“新浪 NBA”窗口。

② 分别单击 IE 窗口工具栏中的“返回”、“前进”按钮，在“新浪 NBA”和“新闻中心”之间实现网页切换。

③ 将新浪网站主页（http://www.sina.com.cn），设置为“浏览器主页”。

④ 在“新闻中心”网页未完全展开时，单击 IE 窗口工具栏中的“停止”按钮×，观察网页打开的状态。单击 IE 窗口工具栏中的“刷新”按钮，完成网页的打开。单击 IE 窗口工具栏中的“主页”按钮，则返回到主页。

（2）保存网页中的相关内容（文件保存到“E:\网页信息”文件夹中），要求：

① 将“新闻中心”网页的内容，以文本的形式保存，文件名为“新浪新闻中心.txt”。

② 在“新闻中心”网页中找一幅感兴趣的“图片”，以“.jpg”形式保存该图片，文件名为“新闻图片.jpg”。

③ 将“新闻中心”网页完整地保存为一个网页文件，文件名为“新闻中心.htm”。

④ 打开文件“新闻中心.htm”，查看此时浏览器“地址栏”中是否仍是“新闻中心”网页的网址 http://news.sina.com.cn/。

⑤ 比较文件“新闻中心.htm”中的内容与“新闻中心”网页中的内容是否一样。

⑥ 在新浪网主页中找一幅感兴趣的 flash 动画保存，文件名为“新浪动画.swf”。

【任务二】 IE 浏览器收藏夹的使用。

（1）将网页添加到收藏夹中，要求：

① 使用收藏夹中已有的“MSN 网页”，打开“MSN 中国”主页。

② 使用收藏夹中已有的“Microsoft 网站”，打开“Internet Explorer”主页。

③ 打开新浪网站主页，进入“新浪娱乐”，打开“明星频道”。

④ 单击“查看收藏夹、源和历史”按钮，在弹出的下拉框中选择“添加到收藏夹”，将“明星频道”添加到收藏夹中，名称为“明星频道首页_新浪网”。

（2）整理收藏夹，要求：

① 在收藏夹中建立文件夹，名为“明星娱乐”。

② 将刚刚添加到收藏夹的网页“明星频道首页_新浪网”，移动到“明星娱乐”文件夹中。

③ 删除收藏夹中原有的“电台指南”网页。

④ 将收藏中已有的任何一个网页重新命名。

【任务三】 IE 浏览器设置。

（1）将浏览器主页设置为“空白页”。

（2）“Internet 临时文件夹”设置，要求：

① 减小“Internet”临时文件夹”空间，空间大小设置为 100MB。

② 将“Internet 临时文件夹”移出 C 盘，移到“E:\Temporary Internet Files”文件夹中。

③ 清除“Internet 临时文件夹”中所有文件。

（3）“历史记录”设置，要求：

① 单击 IE 窗口工具栏中的【浏览器栏】|【历史记录】按钮，找到浏览过的“明星频道首页_新浪网”网页，并将其打开。

② 清除“历史记录”，之后再次单击 IE 窗口工具栏中的“历史记录”按钮，查看是否还能够找到浏览过的网页。

③ 将“网页保留在历史记录中的天数”设置为“0”天。

（4）“隐私”设置，要求：

① 将“隐私”级别设置为“中上级”。

② 删除 Cookies。

③ 第一方 Cookies 设置为“接收”，第三方 Cookies 设置为“阻止”。

【任务四】 使用搜索引擎在 Internet 搜索信息。

（1）打开百度搜索，在其中搜索“Web5.0 是什么”。

（2）在新浪网中找到所有有关“我的团长我的团”这一主题的网页。

（3）搜索包含“网络安全”或“计算机安全”的网页。

（4）搜索《三国演义》小说并下载。

（5）搜索所有包含“巴黎第一大学”的法文网页，并将其中之一翻译成中文。

（6）搜索所有最近一周更新的有关“交通肇事”的中文网页。

（7）搜索所有主题中有“英语四级”的 Word 文档。

附录1 综合练习题

1. 十六进制数FF转换成十进制数是（　　）。

A．255　　B．255　　C．127　　D．127

2. 20MB容量是512KB的（　　）倍。

A．40　　B．80　　C．100　　D．20

3. 不属于数据处理的计算机应用是（　　）。

A．管理信息系统　　B．办公自动化　　C．实时控制　　D．决策支持系统

4. 微型计算机的硬盘是该机的（　　）。

A．内（主）存储器　B．CPU的一部分　C．外（辅）存储器　D．数据输出设备

5. 与外存储器相比，内存储器的主要特征是（　　）。

A．能存储大量的信息　　B．能存储正在运行的程序

C．能存储程序和数据　　D．能长期保存信息

6. 世界上第一台计算机的名称是（　　）。

A．IBM　　B．APPLEⅡ　　C．MAC　　D．ENIAC

7. 处理器（CPU）内部寄存器指的是（　　）。

A．处理器（CPU）存储器　　B．处理器（CPU）的主频

C．处理器（CPU）的速度　　D．处理器（CPU）内的存储单元

8. 以下不属于系统软件的是（　　）。

A．编译程序　　B．编辑程序　　C．Word　　D．汇编程序

9. 计算机系统软件中的汇编程序是一种（　　）。

A．汇编语言程序　　B．编辑程序

C．翻译程序　　D．将高级语言转换成汇编语言程序的程序

10. 软件的高科技含量主要是由（　　）形成的。

A．计算机系统　　B．应用领域　　C．财力物力投入　　D．人的智力投入

11. 计算机网络最突出的特点是（　　）。

A．精度高　　B．共享资源　　C．可以分工协作　　D．传递信息

12. 下列各种说法中正确的是（　　）。

A．广域网是指网络的服务区域不仅局限在一个局部范围内

B．计算机网络的发展方向就是面向产业、商业和教育

C．调制解调器是网络中必备的硬件设备

D．计算机网络的缺点之一是无法实现可视化通信

13. 与 Internet 相连的任何一台计算机，都被称作是 Internet 的（　　）。

A．服务器　B．工作站　C．客户机　D．主机

14. 设 Windows 7 桌面上已经有某应用程序的图标，要运行该程序，可以（　　）。

A．用鼠标左键单击该图标　B．用鼠标右键单击该图标

C．用鼠标左键双击该图标　D．用鼠标右键双击该图标

15. Windows 7 中的“剪贴板”是（　　）。

A．硬盘中的一块区域　B．软盘中的一块区域

C．高速缓存中的一块区域　D．内存中的一块区域

16. 在 Word 2010 的编辑状态，执行编辑命令“粘贴”后（　　）。

A．将文档中被选择的内容复制到当前插入点处

B．将文档中被选择的内容移到剪贴板

C．将剪贴板中的内容移到当前插入点处

D．将剪贴板中的内容复制到当前插入点处

17. 在 Word 2010 的编辑状态，进行字体设置操作后，按新设置的字体显示的文字是（　　）。

A．插入点所在段落中的文字　B．文档中被选择的文字

C．插入点所在行中的文字　D．文档的全部文字

18. 在计算机中，Bus 是指（　　）。

A．公共汽车　B．通信　C．总线　D．插件

19. 为解决某一特定问题而设计的指令序列称为（　　）。

A．文档　B．语言　C．程序　D．系统

20. 全角状态下，一个英文符在屏幕上的宽度是（　　）。

A．1 个 ASCII 字符　B．2 个 ASCII 字符

C．3 个 ASCII 字符　D．4 个 ASCII 字符

21. 科学计算的特点是（　　）。

A．计算量大，数值范围广　B．数据输入输出量大

C．计算相对简单　D．具有良好的实时性和高可靠性

22. 目前普遍使用的显示器是（　　）。

A．存储设备　B．输入设备　C．控制设备　D．输出设备

23. 目前生产个人计算机 CPU 的最大制造商是（　　）。

A．英特尔公司　B．AMD 公司　C．微软公司　D．IBM 公司

24. 计算机能直接执行的程序是（　　）。

A．源程序　B．机器语言程序　C．目标程序　D．汇编语言程序

25. 软件大体可分为（　　）软件和应用软件两大类。

A．高级　B．计算机　C．系统　D．通用

26. 操作系统是计算机系统不可缺少的组成部分，是为提高计算机的（　　）和方便用户使用计算机而配的基本软件。

A．速度　B．利用率　C．灵活性　D．兼容性

27. 解释程序边逐条解释边逐条执行，不保留（　　）。

A．目标程序　B．文件　C．源程序　D．汇编程序

28. 计算机辅助教学 CAI 是（　　）。

A．系统软件　　B．应用软件　　C．网络软件　　D．工具软件

29. 使用计算机时，正确的开机顺序是（　　）。

A．主机→显示器→打印机　　B．显示器→打印机→主机

C．显示器→主机→打印机　　D．打印机→主机→显示器

30. 和通信网络相比，计算机网络最本质的功能是（　　）。

A．数据通信　　B．资源共享

C．提高计算机的可靠性和可用性　　D．分布式处理

31. 在计算机网络中，（　　）为局域网。

A．WAN　　B．Internet　　C．MAN　　D．LAN

32. Internet 上的计算机地址可以写成（　　）格式或域名格式。

A．绝对地址　　B．文字　　C．IP 地址　　D．网络地址

33. 当选定文件或文件夹后，不将文件或文件夹放到“回收站”中，而直接删除的操作是（　　）。

A．按 Delete（Del）键

B．用鼠标直接将文件或文件夹拖放到“回收站”中

C．按 Shift + Delete（Del）键

D．用“我的电脑”或“资源管理器”窗口中“文件”菜单中的删除命令

34. 在 Word 2010 的编辑状态，设置了一个由多个行和列组成的空表格，将插入点定在某个单元格内，用鼠标单击“表格”命令菜单中的“选定行”命令，再用鼠标单击“表格”命令菜单中的“选定列”命令，则表格中被选择的部分是（　　）。

A．插入点所在的行　　B．插入点所在的列

C．一个单元格　　D．整个表格

35. 当前活动窗口是文档 d1.docx 的窗口，单击该窗口的“最小化”按扭后（　　）。

A．不显示 d1.docx 文档内容，但 d1.docx 文档并未关闭

B．该窗口和 d1.docx 文档都被关闭

C．d1.docx 文档未关闭，且继续显示其内容

D．关闭了 d1.docx 文档但该窗口并未关闭

36. 与二进制小数 0.1 等值的十六进制小数为（　　）。

A．0.1　　B．0.2　　C．0.4　　D．0.8

37. 运算器的主要功能是（　　）。

A．实现算术运算和逻辑运算　　B．保存各种指令信息供系统其他部件使用

C．分析指令并进行译码　　D．按主频指标规定发出时钟脉冲

38. 数据处理的特点是（　　）。

A．计算量大，数值范围广　　B．数据输入输出量大，计算相对简单

C．进行大量的图形交互操作　　D．具有良好的实时性和高可靠性

39. 世界上第一台微处理器是于（　　）年在美国英特尔公司问世的。

A．1946　　B．1971　　C．1978　　D．1982

40. 微型计算机的性能主要取决于（　　）。

A．CPU　　B．硬盘　　C．显示器　　D．RAM

41. 数据总线用于在各器件、设备之间传送数据信息，以下说法中（　　）是错误的。

A. 数据总线只能传输 ASCII 码　　B. 数据总线是双向总线

C. 数据总线导线数与机器字长一致　　D. 数据总线通常是指外部总线

42. 计算机指令中规定指令执行功能的部分称为（　　）。

A. 操作数　　B. 被操作数　　C. 地址码　　D. 操作码

43. 第一代计算机主要使用（　　）。

A. 机器语言　　B. 高级语言

C. 数据库管理系统　　D. BASIC 和 FORTRAN

44. 与十进制数 254 等值的二进制数是（　　）。

A. 11111110　　B. 11101111　　C. 11111011　　D. 11101110

45. 下列选项中，不属于计算机病毒特征的是（　　）。

A. 破坏性　　B. 潜伏性　　C. 传染性　　D. 免疫性

46. 程序只有装入（　　）才能运行。

A. 内存　　B. 硬盘　　C. 光盘　　D. 软盘

47. 大写字母“A”的 ASCII 码为十进制数 65，ASCII 码为十进制数 68 的字母是（　　）。

A. B　　B. C　　C. D　　D. E

48. 在计算机应用中，“MIS”表示（　　）。

A. 决策支持系统　B. 管理信息系统　C. 办公自动化　　D. 人工智能

49. 电子计算机能够自动地按照人们的意图进行工作的最基本思想是程序存储，这个思想是由（　　）提出来的。

A. 布尔　　B. 图灵　　C. 冯·诺依曼　　D. 爱因斯坦

50. 磁盘上的磁道是（　　）。

A. 一组记录密度不同的同心圆　　B. 一组记录密度相同的同心圆

C. 一条阿基米德螺旋线　　D. 两条阿基米德螺旋线

51. 计算机中的磁盘驱动器指示灯亮时，（　　）。

A. 可以打开该驱动器开关，关闭主机电源

B. 可以打开该驱动器开关，取出磁盘

C. 可以关闭该主机电源，打开该驱动器开关，取出磁盘

D. 不能打开该驱动器开关和关闭主机电源

52. 计算机存储单元存放的内容为（　　）。

A. 指令　　B. 数据或指令　　C. 数据　　D. 程序

53. 处理器的两个主要参数是（　　）。

A. 主频与总线　　B. 主频与内存　　C. 总线与 ROM　　D. 缓存与内存

54. 微型计算机的中央处理器与（　　）组成了微型机的主机。

A. 运算器　　B. 外存储器　　C. 内存储器　　D. 内（外）存储器

55. 一般说来，计算机指令的集合称为（　　）。

A. 机器语言　　B. 汇编语言　　C. 模拟语言　　D. 程序

56. 操作系统是对计算机系统的全部资源进行控制与管理的系统软件，系统资源指的是（　　）。

A. 软件、数据、硬件、存储器

B. 处理机、存储器、输入/输出设备、信息

C．程序、数据、输入/输出设备、中央处理器

D．主机、输入/输出设备、文件、外存储器

57．下列一组描述中，正确的是（ ）。

A．系统软件就是买来的软件，应用软件就是自己编写的软件

B．机器语言程序 CPU 可直接执行，高级语言程序必须经过翻译才能执行

C．一台计算机配了某语言，说明一开机就用该语言编写和执行程序

D．计算机程序就是计算机软件，计算机软件就是计算机程序

58．把高级语言程序翻译成目标程序用（ ）。

A．编译程序 B．服务程序 C．解释程序 D．汇编程序

59．用于科学和工程计算的主要语言是（ ）。

A．PASCAL B．BASIC C．C D．FORTRAN

60．微型计算机中使用的鼠标器连接在（ ）。

A．打印机接口上 B．显示器接口上

C．并行接口上 D．串行接口上

61．CPU 不能直接访问的存储器是（ ）。

A．ROM B．RAM C．Cache D．CD-ROM

62．通常把计算机网络定义为（ ）。

A．以共享资源为目标的计算机系统

B．把分布在不同地点的多台计算机互联起来构成的计算机系统

C．多机物理互联，按协议相互通信，以共享资源为目标的计算机系统

D．能按网络协议实现通信的计算机系统

63．信息高速公路传送的是（ ）。

A．图像信息 B．声音信息 C．文本信息 D．多媒体信息

64．假设用户名为 abcd，该用户通过 PPP 方式接入域名为 xyz.tpt.tj.cn 的 Internet 邮件服务器，则该用户的电子邮件地址为（ ）。

A．xyz.tpt.tj.cn.abcd B．abcd.xyz.tpt.tj.cn

C．xyz.tpt.tj.cn@abcd D．Abcd@xyz.tpt.tj.cn

65．Windows 7 的窗口可以移动和改变大小，而对话框（ ）。

A．既不能移动，也不能改变大小 B．仅可以移动，不能改变大小

C．不能移动，仅可以改变大小 D．既能移动，也能改变大小

66．当 Word 2010 主窗口最大化显示时，它的右上角可以同时显示的按钮是（ ）。

A．最小化、还原和最大化 B．还原、最大化和关闭

C．最小化、还原和关闭 D．还原和最大化

67．在 Word 2010 的编辑状态，执行编辑菜单中“复制”命令后（ ）。

A．被选择的内容被复制到插入点处

B．被选择的内容被复制到剪贴板

C．插入点所在的段落内容被复制到剪贴板

D．光标所在的段落内容被复制到剪贴板

68．二进制数 1110111.11 转换成十进制数是（ ）。

A．119.125 B．119.75 C．119.375 D．119.3

69. 下列叙述中，正确的是（　　）。

A. 存储在任何存储器中的信息，断电后都不会丢失

B. 操作系统是只对硬盘进行管理的程序

C. 硬盘装在主机箱内，因此硬盘属于主存

D. 磁盘驱动器属于外部设备

70. 英文OS指的是（　　）。

A. 显示屏幕　　B. 窗口软件　　C. 操作系统　　D. 磁盘操作系统

71. 数字符号0的ASCII码十进制表示为48，数字符号9的ASCII码十进制表示为（　　）。

A. 56　　B. 57　　C. 58　　D. 59

72. 目前使用的微型计算机，其主要逻辑器件是由（　　）构成的。

A. 电子管　　B. 晶体管

C. 中、小规模集成电路集成电路　　D. 大规模、超大规模集成电路

73. 微机正在工作时电源突然中断供电，此时计算机（　　）中的信息全部丢失，并且恢复供电后也无法恢复这些信息。

A. ROM　　B. RAM　　C. 硬盘　　D. 软盘

74. 所谓“裸机”是指（　　）。

A. 单片机　　B. 单板机

C. 不装备任何软件的计算机　　D. 只装备操作系统的计算机

75. 构成计算机的电子和机械的物理实体称为（　　）。

A. 计算机系统　　B. 计算机硬件系统

C. 主机　　D. 外设

76. 在表示存储器的容量时，1M的准确含义是（　　）。

A. 1000KB　　B. 1024B　　C. 1000B　　D. 1024KB

77. 微型计算机是采用（　　）结构，它使CPU与内存和外设的连接简单化与标准化。

A. 总线　　B. 星形连接　　C. 网络　　D. 层次连接

78. 指令构成的语言称为（　　）语言。

A. 汇编　　B. 高级　　C. 机器　　D. 自然

79. 软件包括（　　）。

A. 程序　　B. 程序及文档　　C. 文档及数据　　D. 算法及数据库结构

80. 编译程序的功能是（　　）。

A. 发现源程序中的语法错误

B. 改正源程序中的语法错误

C. 将源程序编译成目标程序

D. 将某一高级语言程序翻译成另一种高级语言程序

81. 解释程序是（　　）。

A. 将高级语言源程序翻译成机器语言的程序（目标程序）

B. 将汇编语言源程序翻译成机器语言程序（目标程序）

C. 对源程序边扫描边翻译执行

D. 对目标程序装配链接

82. 应用软件是指（　　）。

A．所有能够使用的软件　　B．能被各应用单位共同使用的某种软件

C．所有微机上都应用的基本软件　　D．专门为某一应用目的而编制的软件

83. 计算机发生“死机”故障时，重新启动机器的最恰当的方法是（　　）。

A．过 30 秒再开机　　B．复位启动

C．冷启动　　D．热启动

84. 目前计算机上最常用的外存储器是（　　）。

A．打印机　　B．数据库　　C．磁盘　　D．数据库管理系统

85. 计算机网络是计算机技术与（　　）技术紧密结合的产物。

A．通信　　B．软件　　C．信息　　D．电话

86. 在计算机网络中，正确的说法是（　　）。

A．电话网是高速网　　B．基带网是低速网

C．光纤网是低速网　　D．宽带网是低速网

87. 个人计算机申请了账号并采用 PPP 拨号方式接入 Internet 网后，该机（　　）。

A．拥有与 Internet 服务商主机相同的 IP 地址

B．拥有自己的唯一但不固定的 IP 地址

C．拥有自己的固定且唯一的 IP 地址

D．只作为 Internet 服务商主机的一个终端，因而没有自己的 IP 地址

88. Windows 7 中，“任务栏”的作用是（　　）。

A．显示系统的所有功能　　B．只显示当前活动窗口名

C．只显示正在后台工作的窗口名　　D．实现窗口之间的切换

89. Word 2010 中“打开”文档的作用是（　　）。

A．将指定的文档从内存中读入，并显示出来

B．为指定的文档打开一个空白窗口

C．将指定的文档从外存中读入，并显示出来

D．显示并打印指定文档的内容

90. Word 2010 的“文件”命令菜单底部显示的文件名所对应的文件是（　　）。

A．当前被操作的文件　　B．当前已经打开的所有文件

C．最近被操作过的文件　　D．扩展名是.doc 的所有文件

91. 在 Word 2010 的编辑状态，执行“文件”菜单中的“保存”命令后（　　）。

A．将所有打开的文档存盘

B．只能将当前文档存储在原文件夹内

C．可以将当前文档存储在已有的任意文件夹内

D．可以先建立一个新文件夹，再将文档存储在该文件夹内

92. PentiumⅡ/500 微型计算机，其 CPU 的时钟频率是（　　）。

A．500kHz　　B．500MHz　　C．250kHz　　D．250MHz

93. 下列字符中，ASCII 码值最小的是（　　）。

A．空格　　B．M　　C．8　　D．0

94. 不属于计算机人工智能应用的是（　　）。

A．语音识别　　B．手写识别　　C．自动翻译　　D．人事档案系统

95. 计算机的主存储器比辅助存储器（ ）。

A．更便宜 B．能存储更多的信息

C．存取速度快 D．虽贵，但能存储更多的信息

96. 计算机的性能主要取决于（ ）。

A．磁盘容量、内存容量、键盘 B．显示器的分辨率、打印机的配置

C．字长、运算速度、内存容量 D．操作系统、系统软件、应用软件

97. 计算机的存储器是一种（ ）。

A．运算部件 B．输入部件 C．输出部件 D．记忆部件

98. 系统软件包括（ ）。

A．文件系统、Word、DOS

B．操作系统、语言处理系统、数据库管理系统

C．操作系统、数据库文件、文件系统

D．WPS、UNIX、DOS

99. 汇编语言源程序需经（ ）翻译成目标程序。

A．监控程序 B．汇编语言程序 C．机器语言程序 D．链接程序

100. 适用于系统开发的主要语言是（ ）。

A．ADA B．BASIC C．PASCAL D．C

101. 微型计算机键盘中的 Shift 键是（ ）。

A．上档键 B．转换键 C．空格键 D．回车换行键

102. 计算机网络的资源共享功能包括（ ）。

A．设备资源和非设备资源共享

B．硬件资源和软件资源共享

C．软件资源和数据资源共享

D．硬件资源、软件资源和数据资源共享

103. Internet 为（ ）。

A．广域网 B．局域网 C．区域网 D．校园网

104. 下列地址中（ ）是不符合标准的 IP 地址。

A．261.160.170.11 B．180.188.81.1 C．25.32.10.256 D．234.14.1

105. Windows 7 中，若已选定某文件，下列不能将该文件复制到同一文件夹下的操作是（ ）。

A．用鼠标右键将该文件拖动到同一文件夹下

B．先执行“编辑”菜单中的复制命令，再执行粘贴命令

C．用鼠标左键将该文件拖动到同一文件夹下

D．按住 Ctrl 键，再用鼠标右键将该文件拖动到同一文件夹下

106. Windows 7 中，有两个对系统资源进行管理的程序组，它们是“资源管理器”和（ ）。

A．“回收站” B．“剪贴板” C．“计算机” D．“我的文档”

107. PentiumⅡ/500 微型计算机，其中 PentiumⅡ是指（ ）。

A．主板 B．CPU C．内存 D．软驱

108. 人和计算机下棋，该应用属于（ ）。

A．过程控制 B．数据处理 C．科学计算 D．人工智能

109. 下列设备中，（　　）不能作为微型机的输出设备。

A．打印机　B．显示器　C．鼠标器　D．多媒体音响

110. 微型计算机与并行打印机连接时，应将信号插头插在（　　）。

A．扩展槽插口上　B．串行插口上　C．并行插口上　D．串并行插口上

111. 计算机的内存储器比外存储器（　　）。

A．更便宜　B．能存储更多的信息

C．较贵，但速度快　D．以上说法都不正确

112. 在计算机网络中，软件资源共享指的是（　　）。

A．各种语言处理程序和用户程序的共享

B．各种用户程序和应用程序的共享

C．各种语言程序及其相应数据的共享

D．各种语言处理程序、服务程序和应用程序的共享

113. 在 Internet 中，用字符串表示的 IP 地址称为（　　）。

A．账户　B．域名　C．主机名　D．用户名

114. 在中文 Windows 7 中，为了实现全角与半角状态之间的切换，应按的键是（　　）。

A．Shift + 空格　B．Ctr+空格　C．Shift+Ctrl　D．Ctrl + F9

115. 在 Word 2010 的哪种视图方式下，可以显示分页效果？（　　）

A．普通　B．大纲　C．页面　D．主控文档

116. 计算机中，中央处理器由（　　）组成。

A．内存和外存　B．运算器和控制器

C．硬盘和软盘　D．控制器和内存

117. 将高级语言编写的程序翻译成机器语言程序，采用的两种翻译方式是（　　）。

A．编译和解释　B．编译和汇编　C．编译和链接　D．解释和汇编

118. 在 16 × 16 点阵字库中，存储一个汉字的字模信息需用的字节数是（　　）。

A．8　B．16　C．32　D．64

119. 下列可选项中，都是硬件的是（　　）。

A．CPU、RAM 和 DOS　B．ROM、运算器和 BASIC

C．键盘、打印机和 WPS　D．软盘、硬盘和光盘

120. CPU 的主频是指（　　）。

A．速度　B．总线　C．时钟信号的频率　D．运算能力

121. CPU 中的控制器的主要功能是（　　）。

A．进行逻辑运算　B．进行算术运算

C．控制运算的速度　D．分析指令并发出相应的控制信号

122. 操作系统是对（　　）进行管理的系统。

A．软件　B．硬件　C．计算机资源　D．应用程序

123. Office 2010 是（　　）。

A．系统软件　B．应用软件　C．教育软件　D．工具软件

124. 下列（　　）键不属于双态转换键。

A．Caps Lock　B．Num Lock　C．Del　D．Ins

125. 软盘磁道的编号是（　　）依次由小到大进行编号。
A．从两边向中间　B．从中间向两边　C．从外向内　D．从内向外
126. 在计算机网络中，数据资源共享指的是（　　）。
A．各种应用程序数据的共享
B．各种文件数据的共享
C．各种表格文件和数据文件的共享
D．各种数据文件和数据库的共享
127. 线路复用技术是利用一条传输线路传输（　　）的技术。
A．一路信号　B．多路信号　C．一条信号　D．多条信号
128. 在因特网上，一台主机的 IP 地址由（　　）个字节组成。
A．3　B．4　C．5　D．任意
129. Windows 7 中，不能在“任务栏”内进行的操作是（　　）。
A．设置系统日期和时间　B．排列桌面图标
C．排列和切换窗口　D．启动“开始”菜单
130. 在 Windows 7 中，用“创建快捷方式”创建的图标（　　）。
A．可以是任何文件或文件夹　B．只能是可执行程序或程序组
C．只能是单个文件　D．只能是程序文件和文档文件
131. 操作系统的（　　）管理部分负责对作业或进程进行调度。
A．主存储器　B．控制器　C．运算器　D．处理机
132. 编译方式是使用编译程序把源程序编译成机器代码的目标程序，并形成（　　）保留。
A．源程序　B．目标程序文件　C．机器程序　D．汇编程序
133. 以下属于应用软件的是（　　）。
A．网络操作系统　B．数据库管理系统
C．Office 2010　D．Linux
134. 对于以 80386、80486、Pentium 为 CPU 的各种微型机内的时间，以下说法正确的是（　　）。
A．计算机内的时间是每次开机时，由 AUTOEXEC.BAT 向计算机输入的
B．开机时由于有外接电源，系统时钟计时；关机后，则停止行走
C．计算机内时间是每次开机时系统根据当时情况，自动向计算机输入的
D．由于主机内装有高能电池，关机后系统时钟仍能行走
135. 计算机联网的主要目的是（　　）。
A．实时控制　B．提高计算速度　C．便于管理　D．数据通信、资源共享
136. 数据通信中的信道传输速率单位比特率 BPS 的含义是（　　）。
A．Bits per second　B．Bytes per second
C．每秒电位变化的次数　D．每秒传送多少个数据
137. 网络中的任何一台计算机必须有一个地址，而且（　　）。
A．不同网络中的两台计算机的地址允许重复
B．同一个网络中的两台计算机的地址不允许重复
C．同一网络中的两台计算机的地址允许重复
D．两台不在同一城市的计算机的地址允许重复

138. 在 Windows 7 中，若在某一文档中连续进行了多次剪切操作，当关闭该文档后，“剪贴板”中存放的是（　　）剪切板的内容。

A．第一次　　B．第二次　　C．最后一次　　D．都不对

139. 在 Word 2010 的编辑状态下，若设置了标尺，则可以同时显示水平标尺和垂直标尺的视图方式是（　　）。

A．普通方式　　B．页面方式　　C．大纲方式　　D．全屏显示方式

140. 7 个二进制位可表示（　　）种状态。

A．128　　B．56　　C．7　　D．70

141. 下列四条叙述中，正确的是（　　）。

A．字节通常用英文单词“bit”来表示

B．目前广泛使用的 Pentium 机其字长为 5 个字节

C．计算机存储器中将 8 个相邻的二进制位作为一个单位，这种单位称为字节

D．微型计算机的字长并不一定是字节的倍数

142. 过程控制的特点是（　　）。

A．计算量大，数值范围广　　B．数据输入/输出量大，计算相对简单

C．进行大量的图形交互操作　　D．具有良好的实时性和高可靠性

143. 下列存储器中，访问周期最短的是（　　）。

A．硬盘存储器　　B．外存储器　　C．软盘存储器　　D．RAM

144. CPU 是指（　　）。

A．运算器和存储器　　B．控制器和存储器

C．运算器和控制器　　D．以上都不对

145. 地址总线是传送地址信息的一组线，总线还有数据总线和（　　）总线。

A．信息　　B．控制　　C．硬件　　D．软件

146. 机器指令是由二进制代码表示的，它能被计算机（　　）。

A．直接执行　　B．解释后执行　　C．汇编后执行　　D．编译后执行

147. 源程序必须转换成计算机可执行的程序，该可执行的程序为该源程序的（　　）。

A．源程序　　B．目标程序　　C．连接程序　　D．编译程序

148. 在格式化磁盘时，系统在磁盘上建立一个目录区和（　　）。

A．查询表　　B．文件结构表　　C．文件列表　　D．文件分配表

149. 当计算机连入网络后，会增加的功能是（　　）。

A．资源共享　　B．数据通信与集中处理

C．均衡负荷与分布处理　　D．以上都正确

150. 计算机网络分为（　　）、城域网和广域网。

A．LAN　　B．INTERNET　　C．Chinanet　　D．cernet

151. Internet 的 IP 地址由（　　）位二进制码组成。

A．8　　B．24　　C．16　　D．32

152. 在 Windows 7 的“资源管理器”窗口中，如果想一次选定多个分散的文件或文件夹，正确的操作是（　　）。

A．按住 Ctrl 键，用鼠标右键逐个选取

B．按住 Ctrl 键，用鼠标左键逐个选取

C. 按住 Shift 键，用鼠标右键逐个选取

D. 按住 Shift 键，用鼠标左键逐个选取

153. Windows 7 系统安装并启动后，由系统安排在桌面上的图标是（ ）。

A. 资源管理器 B. 回收站 C. Microsoft Word D. Microsoft Foxpro

154. 下列各进制数中最小的数是（ ）。

A. 110100B B. 65O C. 36H D. 55D

155. 在进位计数制中，当某一位的值达到某个固定量时，就要向高位产生进位。这个固定量就是该种进位计数制的（ ）。

A. 阶码 B. 尾数 C. 原码 D. 基数

156. 用汉语拼音输入“长沙”两个汉字，输入“changsha”8 个字符，那么，“长沙”两个汉字的内码所占用的字节数是（ ）。

A. 2 B. 4 C. 8 D. 16

157. 工厂利用计算机系统实现温度调节、阀门开关，该应用属于（ ）。

A. 过程控制 B. 数据处理 C. 科学计算 D. CAD

158. 中央处理器可以直接访问的计算机部件是（ ）。

A. 软盘 B. 硬盘 C. 内存储器 D. 运算器

159. 通常所说的 24 针打印机属于（ ）。

A. 击打式打印机 B. 喷墨式打印机 C. 激光式打印机 D. 热敏打印机

160. 下列描述中，正确的是（ ）。

A. 激光打印机是击打式打印机

B. 软盘驱动器是存储器

C. 计算机运算速度可用每秒钟执行的指令条数来表示

D. 操作系统是一个应用软件

161. 微型计算机硬件系统主要包括：存储器、输入设备、输出设备和（ ）。

A. 运算器 B. 控制器 C. 微处理机 D. 主机

162. 第四代计算机的特征是（ ）。

A. 电子管 B. 晶体管 C. 集成电路 D. 超大规模集成电路

163. I/O 设备的含义是（ ）。

A. 控制设备 B. 通信设备 C. 输入/输出设备 D. 网络设备

164. 用高级语言编写的程序称为（ ）。

A. 源程序 B. 目标程序 C. 汇编程序 D. 命令程序

165. 用高级语言编写的源程序，一般先形成源程序文件，再通过（ ）程序生成目标程序文件。

A. 编辑 B. 编译 C. 解释 D. 汇编

166. 我国拥有自主版权的字表处理软件中，使用最广泛的是（ ）。

A. WPS B. Lotus C. CCED D. Word

167. 影响磁盘存储容量的因素是（ ）。

A. 所用的磁面数目 B. 磁道数目

C. 扇区数目 D. 以上都是

168. 在局域网中，网络硬件主要包括（ ）、工作站、网络适配器和通信介质。

A. 网络服务器 B. 文件服务器 C. 高档计算机 D. 通信服务器

169. WAN 是（ ）。

A．广域网 B．局域网 C．城域网 D．校园网

170. 下列选项是 IP 地址的是（ ）。

A．SJZ Vocational Railway Engineering Institute B．pku.edu.cn

C．Zhengjiahui@hotmail.com D．202.201.18.21

171. 在 Windows 7 的“我的电脑”窗口中，若已选定了文件或文件夹，为了设置其属性，可以打开“属性”对话框的操作是（ ）。

A．用鼠标右键单击“文件”菜单中的“属性”命令

B．用鼠标右键单击该文件或文件夹名，然后从弹出的快捷菜单中选择“属性”选项

C．用鼠标右键单击“任务栏”中的空白处，然后从弹出的快捷菜单中选择“属性”选项

D．用鼠标右键单击“查看”菜单中“工具栏”下的“属性”图标

172. 在 Word 2010 的编辑状态下，按先后顺序依次打开了 d1.docx、d2.docx、d3.docx、d4.docx 四个文档，当前的活动窗口是哪个文档的窗口？（ ）

A．d1.docx 的窗口 B．d2.docx 的窗口

C．d3.docx 的窗口 D．d4.docx 的窗口

173. 为了避免混淆，二进制数在书写时常在后面加字母（ ）。

A．H B．O C．D D．B

174. 英文 CAD 指的是（ ）。

A．计算机辅助设计 B．计算机辅助工程

C．计算机应用设计 D．计算机辅助教学

175. 在微机系统中，VGA 的含义是（ ）。

A．微机型号 B．键盘型号 C．显示标准 D．显示器型号

176. 在微机的性能指标中，用户可用的内存储器容量通常是指（ ）。

A．ROM 的容量 B．RAM 的容量

C．ROM 和 RAM 的容量总和 D．CD-ROM 的容量

177. 内存储器存储单元的数目多少取决于（ ）。

A．字长 B．地址总线的宽度

C．数据总线的宽度 D．字节数

178. 评价计算机性能的位宽指标是（ ）标志计算机处理能力越强。

A．位宽度越少 B．位宽度越宽 C．32 位的位宽度 D．16 位的位宽度

179. 下面预防计算机病毒的手段，错误的是（ ）。

A．要经常对硬盘上的文件进行备份

B．凡不需要再写入数据的磁盘都应有写保护

C．将所有的.com 和.exe 文件赋以“只读”属性

D．对磁盘进行清洗

180. 解释型语言源程序需经（ ）解释执行。

A．解释程序 B．翻译程序 C．监控程序 D．诊断程序

181. 远程终端联机系统是由（ ）。

A．一台计算机和一台终端远程相联

B．一台计算机和若干台终端远程相联

C. 若干台计算机和一台终端远程相联

D. 若干台计算机和若干终端远程相联

182. 下列叙述正确的是（　　）。

A. 将数字信号变换成便于在模拟通信线路中传输的信号称为调制

B. 以原封不动的形式将来自终端的信息送入通信线路称为调制解调

C. 在计算机网络中，一种传输介质不能传送多路信号

D. 在计算机局域网中，只能共享软件资源，而不能共享硬件资源

183. 主机上的域名和 IP 地址的关系是（　　）。

A. 两者是一回事　　B. 一一对应

C. 一个 IP 地址对应多个域名　　D. 一个域名对应多个 IP 地址

184. 在 Windows 7 "资源管理器"窗口中，其左部窗口中显示的是（　　）。

A. 当前打开的文件夹的内容　　B. 系统的文件夹树

C. 当前打开的文件夹名称及其内容　　D. 当前打开的文件夹名称

185. 在 Word 2010 的编辑状态下可以显示页面四角的视图方式是（　　）。

A. 普通视图方式　B. 页面视图方式　C. 大纲视图方式　D. 各种视图方式

186. 计算机的存储系统一般指主存储器和（　　）。

A. 累加器　B. 寄存器　C. 辅助存储器　D. 鼠标

187. 英文 CAI 指的是（　　）。

A. 计算机辅助设计　　B. 计算机辅助工程

C. 计算机应用设计　　D. 计算机辅助教学

188. 下列叙述中，错误的是（　　）。

A. 计算机要经常使用，不要长期闲置不用

B. 计算机用几小时后，应关机一会儿再用

C. 计算机应避免频繁开关，以延长其使用寿命

D. 在计算机附近，应避免强磁场干扰

189. 最先提出计算机程序存储原理概念的是（　　）。

A. 冯·诺依曼　B. 爱因斯坦　C. 阿塔　D. 牛顿

190. 下列不是计算机总线的是（　　）。

A. 地址总线　B. 数据总线　C. 控制总线　D. 信息总线

191. （　　）是控制和管理计算机硬件和软件资源，合理地组织计算机工作流程以及方便用户的程序集合。

A. 监控程序　B. 操作系统　C. 编译系统　D. 应用程序

192. 操作系统是一种系统软件，它的作用是（　　）。

A. 对计算机资源的控制和管理　　B. 对计算机外部设备的管理

C. 语言编译程序　　D. 面板操作程序

193. 下列对编译程序与解释程序的区别，描述错误的是（　　）。

A. 编译程序和解释程序将源代码全部翻译成机器指令序列

B. 相对而言，编译程序时所需存储空间较大

C. 相对而言，编译过的程序执行速度较快

D. 相对而言，编译程序适合比较复杂的程序设计语言

194. 面向过程语言又称（　　）。

A. 面向问题语言 B. 描述语言 C. 面向对象语言 D. 算法语言

195. 下列因素中，对微型计算机工作影响最小的是（　　）。

A. 磁场 B. 温度 C. 湿度 D. 噪声

196. 计算机网络是（　）相连。

A. 计算机与终端 B. 计算机直接与计算机

C. 计算机与计算机通过网络设备 D. 计算机网络与终端

197. 下列对数据通信方式的说法中正确的是（　）。

A. 通信方式包括单工通信、双工通信、半单工通信、半双工通信

B. 单工通信是指通信线路上的数据有时可以按单一方向传送

C. 全双工通信是指一个通信线路上允许数据同时双向通信

D. 半双工通信是指通信线路上的数据有时是单向通信，有时是双向通信

198. 下列（　　）不是因特网的顶级域名。

A. edu B. www C. gov D. cn

199. 在 Windows 7 的窗口中，若已选定硬盘上的文件或文件夹，并按了 Del 键和“确定”按钮，则该文件或文件夹将（　　）。

A. 被删除并放入“回收站” B. 不被删除也不放入“回收站”

C. 被删除但不放入“回收站” D. 不被删除但放入“回收站”

200. 在 Word 2010 的编辑状态，执行两次“剪切”操作，则剪贴板中（　）。

A. 仅有第一次被剪切的内容 B. 仅有第二次被剪切的内容

C. 有两次被剪切的内容 D. 内容被清除

201. 下列存储器中存取速度最快的是（　）。

A. 内存 B. 硬盘 C. 光盘 D. 软盘

202. RAM 在计算机中指的是（　　）。

A. 只读存储器 B. 只读软盘存储器

C. 内存储器 D. 外存储器

203. 按计算机病毒的入侵途径可将计算机病毒分为（　　）。

A. 源码病毒、入侵病毒、操作系统病毒

B. 源码病毒、入侵病毒、操作系统病毒、外壳病毒

C. 入侵病毒、操作系统病毒、外壳病毒

D. 源码病毒、操作系统病毒、外壳病毒

204. SRAM 是（　）。

A. 静态随机存储器 B. 静态只读存储器

C. 动态随机存储器 D. 动态只读存储器

205. 计算机硬件系统主要有（　）。

A. 控制器、运算器、存储器、输入设备和输出设备

B. 控制器、加法器、RAM 存储器、输入设备和输出设备

C. 中央处理器、运算器、存储器、输入设备和输出设备

D. CPU、外存储器、输入设备和输出设备

206. 汇编语言是（　　）。
A．面向问题的语言　　B．面向机器的语言
C．高级语言　　D．第三代语言
207. 编译程序和解释程序都是（　　）。
A．目标程序　B．语言编辑程序　C．语言连接程序　D．语言处理程序
208. 下列叙述中，正确的是（　　）。
A．CPU 负责分析、执行指令
B．显示器既是输入设备又是输出设备
C．微型计算机就是体积很小的计算机
D．软盘驱动器属于主机，软盘属于外设
209. 磁盘的磁面有很多半径不同的同心圆，这些同心圆称为（　　）。
A．扇区　B．磁道　C．磁柱　D．字节
210. 在我国已形成了四大主干网，它们分别是（　　）。
A．CHINANET、CERNet、CSTNet 和 CHINAGBN
B．CHRNet、CSTNet、CHINAGBN 和 NCFC
C．CHINANET、CERNet、ARPANET 和 Internet
D．CERNet、CSTNet、CHINAGBN 和 ARPANET
211. 拥有计算机并以拨号方式进入网络的用户需要使用（　　）。
A．CD-ROM　B．鼠标　C．电话机　D．MODEM
212. 在 Word 2010 的编辑状态下，单击文档窗口标题栏右侧的“关闭”按钮后，会（　　）。
A．关闭窗口　　B．打开一个空白窗口
C．使文档窗口独占屏幕　　D．使当前窗口缩小
213. 用超大规模集成电路制造的计算机应该归属于（　　）。
A．第一代　B．第二代　C．第三代　D．第四代
214. 具有多媒体功能的微机系统，常用 CD-ROM 作为外存储器，它是（　　）。
A．可读写的光盘存储器　　B．只读软盘存储器
C．可抹型光盘存储器　　D．只读光盘存储器
215. 在微机中与 EGA 密切相关的设备是（　　）。
A．键盘　B．鼠标　C．显示器　D．打印机
216. 主板 ROM 中通常包含四个程序，下面（　　）不是主板 ROM 里的程序。
A．POST　B．CMOS　C．EPROM　D．自举装载程序
217. 操作系统的作用是（　　）。
A．把源程序译成目标程序　　B．实现软硬件连接
C．管理计算机硬件设备　　D．控制和管理系统资源的使用
218. UNIX 操作系统是一种通用的、交互作用的（　　）。
A．实时系统　B．分时系统　C．多道批处理系统　D．分布式系统
219. 与计算机不能正常工作的原因无关的是（　　）。
A．硬件配置达不到要求　　B．软件中含有错误
C．使用者操作不当　　D．室内光线太暗

220. 在标准磁盘中，关于扇区的描述错误的是（　　）。

A．每一磁道可分为若干个扇区　　B．每一扇区所能存储的数据量相同

C．每一扇区存储的数据密度相同　　D．存取数据时需指明扇区的编号

221. 我国正在建设的“三金”工程指的是（　　）。

A．金桥、金卡、金关　　B．金桥、金卡、金网

C．金靴、金球、金头　　D．金路、金桥、金涵

222. 计算机网络所使用 MODEM 的功能是（　　）。

A．数字信号的编码　　B．把模拟信号转换为数字信号

C．把数字信号转换为模拟信号　　D．实现模拟信号与数字信号之间的相互转换

223. 在 Windows 7 的“资源管理器”左部窗口中，若显示的文件夹图标前带有加号（+），意味着该文件夹（　　）。

A．含有下级文件夹　　B．仅含有文件

C．是空文件夹　　D．不含下级文件夹

224. 在中文 Windows 7 中，为了实现中文与西文输入方式的切换，应按组合键（　　）。

A．Shift + 空格　　B．Shift + Tab　　C．Ctrl + 空格　　D．Alt + F6

225. 在 Word 2010 的编辑状态下，文档窗口显示出水平标尺，则当前的视图方式（　　）。

A．一定是普通视图方式

B．一定是页面视图方式

C．一定是普通视图方式或页面视图方式

D．一定是大纲视图方式

226. 在 Word 2010 的编辑状态下，当前编辑文档中的字体全是宋体字，选择了一段文字使之成反显状，先设定了楷体，又设定了仿宋体，则（　　）。

A．文档全文都是楷体　　B．被选择的内容仍为宋体

C．被选择的内容变为仿宋体　　D．文档的全部文字的字体不变

227. 目前微机上配备的光盘多为（　　）。

A．只读　　B．可读可写　　C．一次性擦写　　D．只擦

228. 我国著名数学家吴文俊院士应用计算机进行几何定理的证明，该应用属于计算机应用领域中的（　　）。

A．人工智能　　B．科学计算　　C．数据处理　　D．计算机辅助设计

229. 键盘工作时，应特别注意避免（　　）。

A．光线直射　　B．强烈震动　　C．环境卫生不好　　D．噪声

230. CD-ROM 光盘具有（　　）等特点。

A．读写对称　　B．大容量　　C．可重复擦写　　D．高压缩比

231. 所谓微处理器的位数，就是计算机的（　　）。

A．字长　　B．字　　C．字节　　D．二进制位

232. 系统软件中最基础的是（　　）。

A．操作系统　　B．文字处理系统　　C．语言处理系统　　D．数据库管理系统

233. 某公司的工资管理程序属于（　　）。

A．系统程序　　B．应用程序　　C．工具软件　　D．文字处理软件

234. 下列叙述中，正确的是（　　）。

A．使用鼠标要有其驱动程序　　B．激光打印机可以进行复写打印

C．显示器可以直接与主机相连　　D．用杀毒软件可以清除一切病毒

235. 计算机网络按照（　　）进行划分，可分为局域网、广域网和城域网。

A．覆盖面积　　B．拓朴结构　　C．使用范围　　D．用户人数

236. 在使用MODEM上网的网络中，数据通信传送采用（　　）。

A．模拟数据-模拟信号传送　　B．数字数据-模拟信号传送

C．数字数据-数字信号传送　　D．模拟数据-数字信号传送

237. 主机域名Public.tpt.tj.cn由4个子域组成，其中的（　　）表示主机名。

A．public　　B．tpt　　C．tj　　D．cn

238. 在Word 2010文档中插入图形，不正确的方法是（　　）。

A．直接利用绘图工具绘制图形

B．选择“文件”菜单中的“打开”命令，再选择某个图形文件名

C．选择“插入”菜单中的“图片”命令，再选择某个图形文件名

D．利用剪贴板将其他应用程序中的图形粘贴到所需文档中

239. 完整的计算机硬件系统一般包括外部设备和（　　）。

A．运算器和控制器　　B．存储器

C．主机　　D．中央处理器

240. DRAM存储器是（　　）。

A．静态随机存储器　　B．动态随机存储器

C．静态只读存储器　　D．动态只读存储器

241. 在计算机中，存储容量的基本单位是（　　）。

A．位　　B．字长　　C．字节　　D．字

242. 通常计算机的存储器是一个由Cache、主存和辅存构成的三级存储系统。辅存一般可由磁盘、磁带和光盘等存储设备组成。Cache和主存是一种（　　）存储器。

A．随机存取　　B．相联存取　　C．只读存取　　D．顺序存取

243. 微机系统与外部交换信息主要通过（　　）。

A．输入/输出设备　B．键盘　　C．鼠标　　D．显示器

244. 586计算机的CPU是（　　）位处理器。

A．16　　B．24　　C．32　　D．128

245. 高级语言编写出来的程序，一般应翻译成（　　）。

A．编译程序　　B．解释程序　　C．执行程序　　D．目标程序

246. 用来将源程序翻译成可执行程序的是（　　）。

A．操作系统　　B．文字处理系统

C．语言处理系统　　D．数据库管理系统

247. 下列叙述中，正确的是（　　）。

A．键盘上的功能键F1～F12，在不同的软件下其作用是一样的

B．计算机内部数据采用二进制表示，而程序则用字符表示

C．计算机汉字字模的作用是供屏幕显示和打印输出

D．微型计算机主机箱内的所有部件均由大规模、超大规模集成电路构成

248. 下列叙述中正确的是（　　）。

A. 显示器和打印机都是输出设备　B. 显示器只能显示字符

C. 通常的彩色显示器都有7种颜色　D. 打印机只能打印字符和表格

249. 根据汉字结构输入汉字的方法是（　　）。

A. 区位码　B. 电报码　C. 拼音码　D. 五笔字型

250. 第一台电子计算机使用的逻辑部件是（　　）。

A. 集成电路　B. 大规模集成电路

C. 晶体管　D. 电子管

251. 微型计算机的字长取决于（　　）的宽度。

A. 控制总线　B. 地址总线　C. 数据总线　D. 通信总线

252. 在内存储器中，（　　）存放一个字符。

A. 一个字　B. 一个字长　C. 一个字节　D. 两个字节

253. 存储介质一般是（　　）。

A. 光介质　B. 磁介质　C. 电介质　D. 空气介质

254. 计算机正在执行的指令存放在（　　）中。

A. 控制器　B. 内存储器　C. 输入/输出设备　D. 外存储器

255. 在IBM-PC系统里，每个ASCII的编码是由（　　）表示。

A. 一个位　B. 一个字节　C. 一个十进制数　D. 两个字节

256. 第三代计算机语言是指（　　）。

A. 机器语言　B. 汇编语言　C. 高级语言　D. 甚高级语言

257. 磁盘缓冲区是（　　）。

A. 磁盘上存放暂存数据的存储空间

B. 读写磁盘文件时用到的内存中的一个区域

C. 在ROM中建立的一个保留区域

D. 以上都不对

258. 下面不属于计算机网络组成部分的是（　　）。

A. 电话　B. 节点　C. 调制解调器　D. 主机

259. 在Word 2010的编辑状态下，打开了“wl.docx”文档，若要将经过编辑后的文档以“w2.docx”为名存盘，应当执行“文件”菜单中的（　　）命令。

A. 保存　B. 另存为HTML　C. 另存为　D. 版本

260. 计算机外设的工作是靠一组驱动程序来完成的，这组程序代码保存在主板的一个特殊内存芯片中，这组芯片称为（　　）。

A. Cache　B. ROM　C. I/O　D. BIOS

261. Excel是一种（　　）。

A. 表处理软件　B. 字处理软件　C. 财务软件　D. 管理软件

262. 在下列设备中，属于输出设备的是（　　）。

A. 键盘　B. 数字化仪　C. 打印机　D. 扫描仪

263. CPU中的控制器的功能是（　　）。

A. 进行逻辑运算　B. 进行算术运算

C. 控制运算的速度　D. 分析指令并发出相应的控制信号

264. BASIC 解释程序的作用是（　　）。

A．将程序翻译成指令序列并保存在可执行文件中

B．将程序命令逐条翻译成机器指令代码并执行

C．为程序作注释

D．将程序翻译成汇编语言程序

265. 巨型机的计算机语言主要应用于（　　）。

A．数值计算　　B．人工智能　　C．数据处理　　D．CAD

266. 用户的电子邮件信箱是（　　）。

A．通过邮局申请的个人信箱　　B．邮件服务器内存中的一块区域

C．邮件服务器硬盘上的一块区域　　D．用户计算机硬盘上的一块区域

267. 在对新建的文档进行编辑操作后，若要将文档存盘，当选用“文件”菜单中的“保存”命令时，会弹出（　　）对话框。

A．保存　　B．另存为　　C．直接存盘　　D．其他

268. 若选中菜单中后面跟有省略号（…）的选项，就会（　　）。

A．弹出一个子菜单　　B．弹出一个对话框

C．需要输入特殊的信息　　D．当前不能选取该菜单

269. 第三代计算机的逻辑器件是（　　）。

A．电子管　　B．晶体管

C．中、小规模集成电路　　D．大规模、超大规模集成电路

270. 计算机中的存储器容量一般是以 KB 为单位的，这里的 1KB 等于（　　）。

A．1000 个字节　　B．1000 个位　　C．1024 位　　D．1024 个字节

271. 在存储系统中，PROM 是指（　　）。

A．固定只读存储器　　B．可编程只读存储器

C．可读写存储器　　D．可再编程只读存储器

272. 一般彩色显示器都有字符和图形两种显示方式，它的主要技术指标是分辨率，分辨率一般用（　　）表示。

A．能显示多少个字符　　B．能显示的信息量

C．横向点 × 纵向点　　D．能显示的颜色数

273. 计算机的内存储器简称内存，它是由（　　）构成的。

A．随机存储器和软盘　　B．随机存储器和只读存储器

C．只读存储器和控制器　　D．软盘和硬盘

274. 软盘驱动器属于（　　）。

A．主存储器　　B．CPU 的一部分　　C．外部设备　　D．数据通信设备

275. 在微型机中，把数据传送到软盘上，称为（　　）。

A．写盘　　B．读盘　　C．输入　　D．以上都不是

276. 下列属于微机网络所特有的设备是（　　）。

A．显示器　　B．UPS 电源　　C．服务器　　D．鼠标

277. 微型计算机诞生于（　　）。

A．第一代计算机时期　　B．第二代计算机时期

C．第三代计算机时期　　D．第四代计算机时期

278. 内存中每一个基本单位，都被赋予一个唯一的序号，称为（　　）。

A．容量　　B．地址　　C．编号　　D．字节

279. 软盘和硬盘是目前常见的两种存储介质，在第一次使用前（　　）。

A．必须先进行格式化　　B．可直接使用，不必格式化

C．应先清洗干净　　D．应先给软盘加上写保护

280. 以下叙述正确的是（　　）。

A．在CPU中执行算术运算和逻辑运算都是按位进行且各位之间独立无关

B．磁带上的信息必须定时刷新，否则无法长期保存

C．大多数个人计算机中可配置的最大内存容量受地址总线位数限制

D．大多数个人计算机中可配置的最大内存容量受指令中地址码部分位数的限制

281. 磁盘是直接存取设备，因此（　　）。

A．只能直接存取　　B．只能顺序存取

C．既能顺序存取，又能直接存取　　D．既不能直接存取，也不能顺序存取

282. 网络服务器和一般微型计算机的一个重要的区别是（　　）。

A．计算速度快　　B．硬盘容量大　　C．外部设备丰富　　D．体积大

283. 硬盘上的扇区标志在（　　）时建立。

A．低级格式化　　B．格式化　　C．存入数据　　D．建立分区

284. 微机中与分辨率密切相关的设备是（　　）。

A．键盘　　B．鼠标　　C．显示器　　D．打印机

285. 硬盘的每个扇区的字节是（　　）。

A．512　　B．128　　C．256　　D．1024

286. 软件系统主要由（　　）组成。

A．操作系统、编译系统　　B．系统软件、应用软件

C．应用软件、操作系统　　D．系统软件、数据库系统

287. 把高级语言程序逐条翻译并执行用（　　）。

A．编译程序　　B．服务程序　　C．解释程序　　D．汇编程序

288. 按通信距离划分，计算机网络可分为局域网、广域网和城域网。下列网络中属于局域网的是（　　）。

A．Internet　　B．CERNET　　C．Novell　　D．CHINANET

289. 如果电子邮件到达时，你的计算机没有开机，那么电子邮件将（　　）。

A．退回给发信人　　B．保存在服务商的主机上

C．过一会儿对方再重新发送　　D．永远不再发送

290. 在Windows 7中，能弹出对话框的操作是（　　）。

A．选择了带省略号的菜单项　　B．选择了带有右三角形箭头的菜单项

C．选择了颜色变灰的菜单项　　D．运行了与对话框对应的应用程序

291. 在Windows 7“资源管理器”窗口中，右部显示的内容是（　　）。

A．所有未打开的文件夹

B．系统的树形文件夹结构

C．打开的文件夹下的子文件夹及文件

D．所有已打开的文件夹

292. 在 Word 2010 的编辑状态下，若选择了整个表格，执行了表格菜单中的“删除行”命令，则（ ）。

A．整个表格被删除　　B．表格中一行被删除

C．表格中一列被删除　　D．表格中没有被删除的内容

293. 在 Word 2010 的编辑状态下，为文档设置页码，可以使用（ ）。

A．“工具”菜单中的命令　　B．“编辑”菜单中的命令

C．“格式”菜单中的命令　　D．“插入”菜单中的命令

294. 计算机能够自动工作，主要是因为采用了（ ）。

A．二进制数制　　B．高速电子元件

C．存储程序控制　　D．程序设计语言

295. 在计算机应用中，“OA”表示（ ）。

A．决策支持系统　　B．管理信息系统

C．办公自动化　　D．人工智能

296. 计算机病毒是一种（ ）。

A．生物病毒　　B．化学感染　　C．细菌病毒　　D．特制的程序

297. 一台计算机的字长是 4 个字节，这意味着（ ）。

A．能处理的数值最大为 4 位十进制数 9999

B．能处理的字符串最多由 4 个英文字母组成

C．在 CPU 中作为一个整体加以传送处理的二进制代码为 32 位

D．CPU 运算的最大结果为 2 的 32 次方

298. 指令在机器内部是以（ ）编码形式表示的。

A．二进制　　B．八进制　　C．十进制　　D．ASCII

299. 编译程序是（ ）。

A．将高级语言源程序翻译成机器语言的程序（目标程序）

B．将汇编语言源程序翻译成机器语言程序（目标程序）

C．对源程序边扫描边翻译执行

D．对目标程序装配链接

300. 同时按下 Ctrl + Alt + Del 组合键的作用是（ ）。

A．使计算机停止工作　　B．进行开机准备

C．热启动计算机　　D．冷启动计算机

301. 网卡（网络适配器）的主要功能不包括（ ）。

A．将计算机连接到通信介质上　　B．进行电信号匹配

C．实现数据传输　　D．网络互连

302. 目前在 Internet 网上，应用范围最广泛的是（ ）。

A．E-mail　　B．WAIS　　C．Archie　　D．Gopher

303. 在 Word 2010 的编辑状态下，要模拟显示打印效果，应当单击常用工具栏中的（ ）。

A．“打印机”按钮　　B．“打印预览”按钮

C．“保存”按钮　　D．“格式化”按钮

304. 有一个数值 152，它与十六进制 6A 相等，那么该数值是（ ）。

A．二进制数　　B．八进制数　　C．十进制数　　D．四进制数

305. 下列各组设备中，全部属于输入设备的一组是（　　）。
A．键盘、磁盘和打印机　　B．键盘、扫描仪和鼠标
C．键盘、鼠标和显示器　　D．硬盘、打印机和键盘

306. 汉字字形码的使用是在（　　）。
A．输入时　　B．内部传送时
C．输出时　　D．两台计算机之间交换信息时

307. CAM 的含义是（　　）。
A．计算机辅助教育　　B．计算机辅助制造
C．计算机辅助设计　　D．计算机辅助管理

308. 未联网的个人计算机感染病毒的可能途径是（　　）。
A．从键盘上输入数据　　B．运行经过严格审查的软件
C．软盘表面不清洁　　D．使用来路不明或不知底细的软盘

309. 主板 IDE 接口上可插接（　　）。
A．硬盘和光驱　　B．硬盘和软驱　　C．软驱与光驱　　D．硬盘和网卡

310. 指挥、协调计算机工作的设备是（　　）。
A．键盘、显示器　B．存储器　　C．系统软件　　D．控制器

311. 计算机可直接执行的指令一般包含（　　）两个部分。
A．数字和字符　　B．操作码和操作数
C．数字和运算符号　　D．源操作数和目的操作数

312. 软件是指（　　）。
A．系统程序和数据库　　B．应用程序和文档文件
C．存储在硬盘和软盘上的程序　　D．各种程序和相关的文档资料

313. 操作系统中对数据进行管理的部分叫作（　　）。
A．数据库系统　　B．文件系统　　C．检索系统　　D．数据存储系统

314. 在局域网中，通信线路是通过（　　）接入计算机的。
A．串行输入口　　B．第一并行输入口
C．任意一个并行输入口　　D．网络适配器（网卡）

315. 电子邮件与普通邮件相比，具有（　　）的特点。
A．免费　　B．快速　　C．安全　　D．匿名

316. 在 Windows7 中，“任务栏”（　　）。
A．只能改变位置不能改变大小　　B．只能改变大小不能改变位置
C．既不能改变位置也不能改变大小　　D．既能改变位置也能改变大小

317. 在计算机中采用二进制，是因为（　　）。
A．可降低硬件成本　　B．两个状态的系统具有稳定性
C．二进制的运算法则简单　　D．上述都对

318. 已知英文字母 a 的 ASCII 代码值是十六进制 61H，那么字母 d 的 ASCII 代码值是（　　）。
A．2H　　B．54H　　C．24H　　D．64H

319. 目前使用的防病毒软件的作用是（　　）。
A．清除已感染的任何病毒　　B．查出已知名的病毒，清除部分病毒
C．查出任何已感染的病毒　　D．查出并清除任何病毒

320. 微型计算机的计算精度的高低主要表现在（　　）。

A．CPU 的速度　　B．存储器容量的大小

C．硬盘的大小　　D．数据表示的位数

321.（　　）是传送控制信号的，其中包括 CPU 送到内存和接口电路的读写信号、中断响应信号等。

A．软驱　　B．地址总线　　C．数据总线　　D．控制总线

322. 32 位网卡一般插接在主板的（　　）插口上。

A．ISA　　B．PCI　　C．IDE　　D．I/O

323. 世界上不同型号的计算机，就其工作原理而言，一般认为都基于冯・诺依曼提出的(　　)原理。

A．二进制数　　B．布尔代数　　C．集成电路　　D．存储程序

324. 计算机网络中，（　　）主要用来将不同类型的网络连接起来。

A．集线器　　B．路由器　　C．中继器　　D．网卡

325. 电子邮件的特点之一是（　　）。

A．比邮政信函、电报、电话、传真都快

B．在通信双方的计算机间建立起直接通信线路后即可快速传递数字信息

C．采用存储-转发方式传递信息，没电话那样直接、即时，但费用低

D．在通信双方的计算机都开机工作的情况下才能快速传递数字信息

326. 在 Windows 7 的“回收站”中，存放的（　　）。

A．只能是硬盘上被删除的文件或文件夹

B．只能是软盘上被删除的文件或文件夹

C．可以是硬盘或软盘上被删除的文件或文件夹

D．可以是所有外存储器中被删除的文件或文件夹

327. 在 Word 2010 编辑状态下，可以使插入点快速移到文档首部的是（　　）。

A．Ctrl + Home　　B．Alt + Home　　C．Home　　D．PageUp

328. 在微型机操作过程中，磁盘驱动器指示灯亮时，不能拔出磁盘的原因是（　　）。

A．会损坏磁盘驱动器

B．可能将磁盘中的数据破坏

C．影响计算机的使用寿命

D．内存中的数据将丢失

329. 下列叙述中正确的是（　　）。

A．各种网络传输介质具有相同的传输速率和相同的传输距离

B．各种网络传输介质具有不同的传输速率和不同的传输距离

C．各种网络传输介质具有相同的传输速率和不同的传输距离

D．各种网络传输介质具有不同的传输速率和相同的传输距离

330. 下列关于 Windows 7 对话框的叙述中，错误的是（　　）。

A．对话框是提供给用户与计算机对话的界面

B．对话框的位置可以移动，但大小不能改变

C．对话框的位置和大小都不能改变

D．对话框中可能会出现滚动条

331. 在 Word 2010 的编辑状态下打开了一个文档，对文档作了修改，进行“关闭”文档操作后（　　）。

A．文档被关闭，并自动保存修改后的内容

B．文档不能关闭，并提示出错

C．文档被关闭，修改后的内容不能保存

D．弹出对话框，并询问是否保存对文档的修改

332. 在 Word 97 的编辑状态下，选择了一个段落并设置段落的“首行缩进”为 1 厘米，则（　　）。

A．该段落的首行起始位置距页面的左边 1 厘米

B．文档中各段落的首行只由“首行缩进”确定位置

C．该段落的首行起始位置距段落的“左缩进”位置的右边 1 厘米

D．该段落的首行起始位置在段落“左缩进”位置的左边 1 厘米

333. 微机计算机硬件系统中最核心的部件是（　　）。

A．主板　　B．CPU　　C．内存储器　　D．I/O 设备

334. 收发电子邮件属于计算机在（　　）方面的应用。

A．过程控制　　B．数据处理　　C．计算机网络　　D．CAD

335. 运算器和控制器的总称是（　　）。

A．主机　　B．CPU　　C．ALU　　D．存储器

336. （　　）是用来存储程序及数据的装置。

A．输入设备　　B．存储器　　C．控制器　　D．输出设备

337. 以下叙述中，正确的是（　　）。

A．把系统软件中经常用到的部分固化后能够提高计算机系统的效率

B．半导体 RAM 的信息可存可取，且断电后仍能保持记忆

C．没有外部设备的计算机称为裸机

D．执行指令时，指令在内存中的地址存放在指令寄存器中

338. 计算机可直接执行的程序是（　　）。

A．一种数据结构　　B．指令序列

C．软件规范书　　D．一种信息结构

339. 在微机中，外存储器通常使用软盘作存储介质。软盘中存储的信息，在断电后（　　）。

A．不会丢失　　B．完全丢失　　C．少量丢失　　D．大部分丢失

340. 计算机网络使用的通信介质包括（　　）。

A．电缆、光纤和双绞线　　B．有线介质和无线介质

C．光纤和微波　　D．卫星和电缆

341. 发送和接收电子邮件时，需要 SMTP 和（　　）邮件服务器。

A．MIME　　B．TCP　　C．POP　　D．IP

342. 下列关于 Windows 7“回收站”的叙述中，错误的是（　　）。

A．“回收站”可以暂时或永久存放硬盘上被删除的信息

B．放入“回收站”的信息可以恢复

C．“回收站”所占据的空间是可以调整的

D．“回收站”可以存放软盘上被删除的信息

343. 在 Word 2010 的编辑状态下，选择了文档全文，若在“段落”对话框中设置行距为 20

磅，应当选择“行距”列表框中的（ ）。

A．单倍行距 B．1.5 倍行距 C．固定值 D．多倍行距

344. 数据 111H 的最左边的 1 相当于 2 的（ ）次方。

A．8 B．9 C．11 D．2

345. 微型计算机内存储器是（ ）。

A．按二进制位编址 B．按字节编址

C．按字长编址 D．根据微处理器型号不同而编址不同

346. 下列说法中，正确的是（ ）。

A．计算机价格越高，其功能就越强

B．在微机的性能指标中，CPU 的主频越高，其运算速度越快

C．两个显示器屏幕大小相同，则它们的分辨率必定相同

D．点阵打印机的针数越多，则能打印的汉字字体就越多

347. 在计算机系统中，任何外部设备都必须通过（ ）才能和主机相连。

A．存储器 B．接口适配器 C．电缆 D．CPU

348. 在微机系统中，I/O 接口位于（ ）之间。

A．主机和总线 B．主机和 I/O 设备

C．总线和 I/O 设备 D．CPU 和内存设备

349. 软盘连同软盘驱动器是一种（ ）。

A．数据库管理系统 B．外存储器

C．内存储器 D．数据库

350. 计算机网络分类为 LAN、MAN 和（ ）。

A．cernet B．WAN C．chinanet D．Internet

351. 发送电子邮件和接收电子邮件的服务器（ ）。

A．必须是同一主机 B．可以是同一主机

C．必须是两台主机 D．以上说法均不对

352. 在 Windows 7 中，可以由用户设置的文件属性为（ ）。

A．存档、系统和隐藏 B．只读、系统和隐藏

C．只读、存档和隐藏 D．系统、只读和存档

353. 删除 Windows 7 桌面上某个应用程序的图标，意味着（ ）。

A．该应用程序连同其图标一起被删除

B．只删除了该应用程序，对应的图标被隐藏

C．只删除了图标，对应的应用程序被保留

D．该应用程序连同其图标一起被隐藏

354. 在 Word 2010 的编辑状态下，选择了当前文档中的一个段落，进行“清除”操作（或按 Del 键），则（ ）。

A．该段落被删除且不能恢复

B．该段落被删除，但能恢复

C．能利用“回收站”恢复被删除的该段落

D．该段落被移到“回收站”内

355. 微型计算机系统采用总线结构对 CPU、存储器和外部设备进行连接。总线通常由三部

分组成，它们是（　　）。

A．逻辑总线、传输总线和通信总线 B．地址总线、运算总线和逻辑总线

C．数据总线、信号总线和传输总线 D．数据总线、地址总线和控制总线

356. 32 位微机是指该计算机所用的 CPU（　　）。

A．具有 32 位寄存器　B．同时能处理 32 位二进制数据

C．有 32 个寄存器　D．能处理 32 个字符

357. 下面对数据总线的描述正确的是（　　）。

A．数据总线是运载公用信号的一系列连线

B．数据总线是线路的总和

C．数据总线指的就是 CPU 的总线

D．数据总线指一台计算机内硬件之间接口的总和

358. 计算机的工作过程本质上就是（　　）的过程。

A．读指令、解释、执行指令　B．进行科学计算

C．进行信息交换　D．主机控制外设

359. 下列数据通信线路形式中，具备最佳数据保密性及最高传输效率的是（　　）。

A．电话线路　B．光纤　C．同轴电缆　D．双绞线

360. 表示 8 种状态需要的二进制位数是（　　）。

A．2　B．3　C．4　D．5

361. 英文 AI 指的是（　　）。

A．人工智能　B．窗口软件　C．操作系统　D．磁盘驱动器

362. 显示器需通过（　　）插入 I/O 扩展与主机相连。

A．电缆　B．多功能卡　C．显示适配器　D．串/并行接口卡

363. 操作系统负责管理计算机系统的（　　）。

A．程序　B．功能　C．资源　D．进程

364. 下列语句（　　）不恰当。

A．磁盘应远离高温及磁性物体　B．避免接触盘片上暴露的部分

C．不要弯曲磁盘 D．磁盘应避免与染上病毒的磁盘放在一起

365. 要实现网络通信必须具备三个条件，以下条件中不必需的是（　　）。

A．解压缩卡　B．网络协议　C．网络服务器/客户机　D．网络接口卡

366. 在电子邮件中所包含的信息（　　）。

A．只能是文字　B．只能是图形信息

C．只能是文字与声音信息　D．可以是文字、声音、图形、图像等信息

367. 在 Windows 7 的“资源管理器”窗口右部，若已单击了第一个文件，又按住 Ctrl 键并单击了第五个文件，则（　　）。

A．有 0 个文件被选中　B．有 5 个文件被选中

C．有 1 个文件被选中　D．有 2 个文件被选中

368. 在 Windows7 中，呈灰色显示的菜单意味着（　　）。

A．该菜单当前不能选用　B．选中该菜单后将弹出对话框

C．选中该菜单后将弹出下级子菜单　D．该菜单正在使用

369. 用 MIPS 来衡量的计算机性能指标是（　　）。

A. 处理能力　　B. 运算速度　　C. 存储容量　　D. 可靠性

370. 文件型病毒传染的对象主要是（　　）文件。

A. .DBF　　B. .WPS　　C. .COM 和.EXE　　D. .EXE 和.WP

371. 为了把工作站服务器等智能设备连入一个网络中，需要在设备上接入一个网络接口板，这网络接口板称为（　　）。

A. 网卡　　B. 网关　　C. 网桥　　D. 网间连接器

372. 在局域网中，运行网络操作系统的设备是（　　）。

A. 网络工作站　　B. 网络服务器　　C. 网卡　　D. 网桥

373. 鼠标常分为两类，它们是（　　）。

A. 左键类与右键类　　B. 滚动类与磨擦类

C. 光电类与机械类　　D. 手动类与自动类

374. 在 Windows 7 中安装打印机驱动程序，以下说法正确的是（　　）。

A. Windows 7 提供的打印机驱动程序支持任何打印机

B. Windows 7 包含了所有的打印机的驱动程序

C. 即使要安装的打印机与默认的打印机兼容，安装时也必须插入 Windows 98 要求的系统盘

D. 要安装的打印机如果与默认的打印机兼容，可直接使用

375. 断电会使存储数据丢失的存储器是（　　）。

A. RAM　　B. 硬盘　　C. ROM　　D. 软盘

376. 世界上第一台电子计算机是（　　）。

A. ENIAC　　B. EDSAC　　C. EDVAC　　D. UNIVAC

377. 在下列设备中，既是输入设备又是输出设备的是（　　）。

A. 显示器　　B. 磁盘驱动器　　C. 键盘　　D. 打印机

378. 软件包括（　　）。

A. 程序　　B. 程序及文档　　C. 文档及数据　　D. 算法及数据库结构

379. 把高级语言编制的源程序变为目标程序，要经过（　　）。

A. 汇编　　B. 解释　　C. 编辑　　D. 编译

380. 软件与程序的区别是（　　）。

A. 程序是用户自己开发的而软件是计算机生产商开发的

B. 程序价格便宜而软件价格贵

C. 程序是软件以及开发、使用和维护所需要的所有文档的总称

D. 软件是程序以及开发、使用和维护所需要的所有文档的总称

381. 为了防止计算机病毒的传染，应该做到（　　）。

A. 干净的软盘不要与来历不明的软盘放在一起

B. 不要复制来历不明的软盘上的文件

C. 长时间不用的软盘要经常格式化

D. 对软盘上的文件要经常复制

382. Windows 7 中改变窗口的大小时，应操作（　　）。

A. 窗口的四角或四边　　B. 窗口右上角的按钮

C．窗口的标题栏　　　　　　　　D．窗口左上角的控制栏

383. 操作 Windows 7 的特点为（　　）。

A．首先选择操作对象，再选择操作项

B．首先选择操作项，再选择操作对象

C．同时选择操作对象和操作项

D．将操作项拖到操作对象上

384. 计算机病毒可以使整个计算机瘫痪，危害极大，计算机病毒是（　　）。

A．一种芯片　　B．一段程序　　C．一种生物病毒　　D．一条命令

385. 地址总线是传送地址信息的一组线，以下说法中（　　）是错误的。

A．用来选择信息传送的对象　　　　B．控制 CPU 读/写内存信息

C．一根地址线传送一个地址位　　　D．20 根地址线表达的寻址范围为 1MB

386. 当数字信号在模拟传输系统中传送时，在发送端和接收端分别需要（　　）。

A．调制器和解调器　　　　B．解调器和调制器

C．编码器和解码器　　　　D．解码器和编码器

387. 电子计算机的算术逻辑单元、控制单元合称（　　）。

A．UP　　B．ALU　　C．CPU　　D．CAD

388. 在 Internet 中，人们通过 WWW 浏览器观看的有关企业或个人信息的第一个页面称为（　　）。

A．网页　　　　B．统一资源定位器

C．网址　　　　D．主页

389. Windows 7 的整个显示屏幕称为（　　）。

A．窗口　　B．操作台　　C．工作台　　D．桌面

390. 在 Windows 7 默认环境中，下列哪种方法不能运行应用程序？（　　）。

A．用鼠标左键双击应用程序快捷方式

B．用鼠标左键双击应用程序图标

C．用鼠标右键单击应用程序图标，在弹出的系统快捷菜单中执行“打开”命令

D．用鼠标右键单击应用程序图标，然后按 Enter 键

391. 用于表示计算机存储、传送、处理数据的信息单位的性能指标是（　　）。

A．字长　　B．运算速度　　C．主频　　D．内存容量

392. 在计算硬盘的容量时，用不到的参数的是（　　）。

A．磁盘面数　　B．每面磁道数　　C．每磁道扇区数　　D．每簇扇区数

393. 微机启动过程是将操作系统（　　）。

A．从磁盘调入中央处理器　　　B．从内存调入高速缓冲存储器

C．从软盘调入硬盘　　　　　　D．从外存储器调入内存器

394. 操作系统是对计算机系统的全部资源进行控制与管理的系统软件，系统资源指的是（　　）。

A．软件、数据、硬件、存储器

B．处理机、存储器、输入/输出设备、信息

C．程序、数据、输入/输出设备、中央处理器

D．主机、输入/输出设备、文件、外存储器

395. 在微机上运行一个程序时，发现内存容量不够，可以解决的办法是（　　）。

A．将软盘由低密度的换成高密度的　B．将软盘换成大容量硬盘

C．将硬盘换成光盘　D．增加一个内存条

396. 在 Internet 中，用户通过 FTP 可以（　　）。

A．发送和接收电子邮件　B．上载和下载任何文件

C．浏览远程计算机上的资源　D．进行远程登录

397. 智能 ABC 输入法是采用（　　）编码方案。

A．音形码　B．音码　C．形码　D．顺序码

398. 在 Word 2010 中，文档的默认视图是普通视图，但是如果用户要绘制图形，则一般都要切换到（　　）视图以便于确定图形的大小。

A．大纲　B．页面　C．主控文档　D．全屏

399. 能将高级语言源程序转换成目标程序的是（　　）。

A．调试程序　B．解释程序　C．编译程序　D．编辑程序

400. 一个完整的计算机系统通常应包括（　　）。

A．系统软件和应用软件　B．计算机及其外部设备

C．硬件系统和软件系统　D．系统硬件和系统软件

401. 计算机中的字节是常用单位，它的英文名字是（　　）。

A．bit　B．byte　C．bout　D．baud

402. 下列叙述中，正确的是（　　）。

A．所有微机上都可以使用的软件称为应用软件

B．操作系统是用户与计算机之间的接口

C．一个完整的计算机系统是由主机和输入/输出设备组成的

D．硬磁盘驱动器是内存储器

403.（　　）的功能是将计算机外部的信息送入计算机。

A．输入设备　B．输出设备　C．软盘　D．电源线

404. 局域网的网络软件主要包括网络数据库管理系统、网络应用软件和（　　）。

A．服务器操作系统　B．网络操作系统

C．网络传输协议　D．工作站软件

405.（　　）的主要功能是使用户的计算机与远程主机相连，从而成为远程主机的终端。

A．E-mail　B．FTP　C．Telnet　D．BBS

406. 用鼠标拖动来移动窗口时，鼠标指针必须置于（　　）内。

A．标尺栏　B．工具栏　C．状态栏　D．标题栏

407. 在 Word 2010 中，用鼠标单击图片来改变图片大小时，鼠标指针会变为（　　）。

A．单向箭头　B．双向箭头　C．沙漏　D．十字箭头

408. 将微型计算机的发展阶段分为第一代微型机、第二代微型机、……，是根据下列哪个设备或器件决定的？（　　）

A．输入/输出设备　B．微处理器　C．存储器　D．运算器

409. 在 Windows 7 中，文件夹名不能是（　　）。

A．12% + 3%　B．12-3　C．12*3!　D．1&2 = 0

410. 下列二进制运算中，结果正确的是（　　）。

A．1•0＝1　　B．0•1＝1　　C．1＋0＝0　　D．1＋1＝10

411. 微处理器是把（　　）作为一个整体，采用大规模集成电路工艺在一块或几块芯片上制成的中央处理器。

A．内存与中央处理器　　B．运算器和控制器

C．主内存　　D．中央处理器和主内存

412. 在网络中，各个节点相互连接的形式称为网络的（　　）。

A．拓朴结构　　B．协议　　C．分层结构　　D．分组结构

413. 超文本的含义是（　　）。

A．该文本中包含有图像　　B．该文本中包含有声

C．该文本中包含有二进制字符　　D．该文本中有链接到其他文本的链接点

414. 虚拟存储器的作用是允许程序直接访问比内存更大的地址空间，它通常使用（　　）作为它的一个主要组成部分。

A．软盘　　B．硬盘　　C．CD-ROM　　D．寄存器

415. 指令由电子计算机的哪一部分来执行？（　　）

A．控制部分　　B．存储部分　　C．输入/输出部分　　D．算术和逻辑部分

416. 指令构成的语言称为（　　）语言。

A．汇编　　B．高级　　C．机器　　D．自然

417. 程序设计语言分为低级语言和高级语言两大类，与高级语言相比，用低级语言开发的程序（　　）。

A．运行效率低，开发效率低　　B．运行效率低，开发效率高

C．运行效率高，开发效率低　　D．运行效率高，开发效率高

418. 磁盘、磁带和光盘是计算机系统中最常用的（　　）。

A．内存储器　　B．外存储器　　C．主存　　D．扩展内存

419. 和广域网相比，局域网（　　）。

A．有效性好但可靠性低　　B．有效性差但可靠性高

C．有效性好可靠性也高　　D．有效性差可靠性也低

420. HTML 的正式名称是（　　）。

A．主页制作语言　　B．超文本标识语言

C．WWW 编程序语言　　D．Internet 编程语言

421. 在 Windows 7 的桌面上，“任务栏”（　　）。

A．在屏幕的底端　　B．在屏幕的左边

C．在屏幕的右边　　D．可以在屏幕的四周

422. 在 Word 2010 中，要移动已选定的文档部分的操作是（　　）。

A．先剪切，再粘贴　　B．先粘贴，再复制

C．先复制，再粘贴　　D．先粘贴，再剪切

423. 防病毒卡是（　　）病毒的一种较好措施。

A．预防　　B．消除　　C．检测　　D．预防、检测、消除

424. 微型计算机通常是由 CPU、（　　）等几部分组成。

A．存储器和 I/O　　B．设备 UPS、控制器

C．控制器、运算器、存储器和UPS D．运算器、控制器、存储器

425. 4个字节是（ ）个二进制位。

A．16 B．32 C．48 D．64

426. 下列说法中正确的是（ ）。

A．没有软件的计算机可以正常工作

B．没有软件的计算机无法工作

C．没有硬件的计算机基本上可以正常工作

D．计算机能否工作与软件无关

427. 编译型语言源程序需经（ ）翻译成目标程序。

A．字处理程序 B．编译程序 C．诊断程序 D．装配程序

428. 在Word 2010的编辑状态下，编辑文档中的A^2（A的二次方），应使用的“格式”菜单中的命令是（ ）。

A．字体 B．段落 C．文字方向 D．组合字符

429. 在Word 2010的编辑状态下，打开文档ABC，修改后另存为ABD，则文档ABC（ ）。

A．被文档ABD覆盖 B．被修改未关闭

C．被修改并关闭 D．未修改被关闭

430. 800个24 × 24点阵汉字字形码占存储单元的字节数为（ ）。

A．72KB B．256KB C．55KB D．56.25KB

431. 微型计算机的内存为16M，指的是其内存容量为（ ）。

A．16位 B．16MB字 C．16M字节 D．16000字

432. 微型机CPU的中文名称是（ ），也被称为微处理器。

A．通用寄存器 B．逻辑、算术运算器

C．中央处理单元 D．指令译码器

433. 常规内存是由（ ）组成的。

A．ROM B．EPROM C．字节 D．RAM

434. 操作系统是对计算机系统的资源进行（ ）的一组程序和数据。

A．登记和记录 B．汇编和执行 C．管理和控制 D．整理和使用

435. 为了指导计算机网络的互联、互通和互操作，ISO颁布了OSI参考模型，其基本结构分为（ ）。

A．6层 B．5层 C．7层 D．4层

436. 从接收服务器取回来的新邮件都保存在（ ）。

A．收件箱 B．已发送邮件箱 C．发件箱 D．已删除邮件箱

437. 在Windows 7中，为保护文件不被修改，可将它的属性设置为（ ）。

A．只读 B．存档 C．隐藏 D．系统

438. 在Word 97的编辑状态下，“粘贴”操作的组合键是（ ）。

A．Ctrl + A B．Ctrl + C C．Ctrl + V D．Ctrl + X

439. 在微机中，VGA的含义是（ ）。

A．键盘型号 B．显示标准 C．光盘驱动器 D．主机型号

440. 系统软件中最重要的是（ ）。

A．操作系统 B．语言处理程序 C．工具软件 D．数据库管理软件

441. 汇编语言编制的一段程序，可以（　　）。
A．在任意计算机系统中执行　　B．在特定的计算机系统中执行
C．由硬件直接识别并执行　　D．在各种单板机上运行

442. 以下关于 Windows7 操作系统的描述中，（　　）是正确的。
A．Windows 是一个单任务、字符化的操作系统
B．Windows 是一个多任务、字符化的操作系统
C．Windows 是一个单任务、图形化的操作系统
D．Windows 是一个多任务、图形化的操作系统

443. 微型计算机的发展阶段是根据下列哪个设备或器件划分的？（　　）
A．输入/输出设备　B．微处理器　C．存储器　D．运算器

444. 下面关于多媒体系统的描述中，（　　）是不正确的。
A．多媒体系统是对文字、图形、声音、图像等信息及资源进行管理的系统
B．多媒体系统的最关键技术是数据压缩与解压缩
C．多媒体系统只能在微型计算机上运行
D．多媒体系统也是一种多任务系统

445. 用于存储计算机输入/输出数据的材料及其制品称为（　　）。
A．输入/输出接口　　B．输入/输出端口
C．输入/输出媒体　　D．输入/输出通道

446. 若一张双面的磁盘上每面有 96 条磁道，每条磁道有 15 个扇区，每个扇区可存放 512 字节的数据，则两张相同的磁盘可以存放（　　）字节的数据。
A．720K　B．1440K　C．2880K　D．5760K

447. 解释程序的功能是（　　）。
A．解释执行高级语言程序　　B．解释执行汇编语言程序
C．将汇编语言程序翻译成目标程序　　D．将高级语言程序翻译成目标程序

448. WWW 是（　　）。
A．局域网的简称　B．城域网的简称　C．万维网的简称　D．广域网的简称

449. 激光打印机属于（　　）。
A．非击打式印字机　　B．热敏式打印机
C．击打式打印机　　D．点阵式打印机

450. 计算机语言奠定基础的 10 年是指 20 世纪的（　　）。
A．50 年代　B．60 年代　C．70 年代　D．80 年代

451. Internet 网的通信协议是（　　）。
A．X.25　B．CSMA/CD　C．TCP/IP　D．CSMA

452. 网卡的主要功能不包括（　　）。
A．网络互联　　B．将计算机连接到通信介质上
C．实现数据传输　　D．进行电信号匹配

453. 随机存储器 RAM 中的信息可以随机地读出或写入，当读出 RAM 中的信息时（　　）。
A．破坏 RAM 中原保存的信息　　B．RAM 中内容全部为 1
C．RAM 中的内容全部为 0　　D．RAM 原有信息保持不变

454. 在微机上通过键盘输入一个程序，如果希望将该程序长期保存，应把它以文件形式

(　　)。

A．改名　　B．粘贴　　C．存盘　　D．复制

455. “奔腾”微型计算机采用的微处理器的型号是(　　)。

A．80286　　B．80386　　C．80486　　D．80586

456. 我国自行设计研制的天河Ⅱ型计算机是(　　)。

A．微型计算机　　B．小型计算机　　C．中型计算机　　D．巨型计算机

457. 修改高级语言源程序的是(　　)。

A．调试程序　　B．解释程序　　C．编译程序　　D．编辑程序

458. 计算机病毒具有(　　)。

A．传播性、潜伏性、破坏性　　B．传播性、破坏性、易读性

C．潜伏性、破坏性、易读性　　D．传播性、潜伏性、安全性

459. 支持 Internet 扩展服务的协议是(　　)。

A．OSI　　B．IPX/SPX　　C．TCP/IP　　D．CSMA/CD

460. Internet 提供的服务方式分为基本服务方式和扩展服务方式，下列属于基本服务方式的是(　　)。

A．远程登录　　B．名录服务　　C．索引服务　　D．交互式服务

461. 目前计算机上最常用的外存储器是(　　)。

A．打印机　　B．数据库　　C．磁盘　　D．数据库管理系统

462. 要将整个桌面内容存入剪贴板中，应按(　　)键。

A．PrtSc　　B．Ctrl + P　　C．Alt + P　　D．Alt + PrtSc

463. Windows7 中，(　　)不是窗口内的组成部分。

A．标题栏　　B．状态栏　　C．任务栏　　D．公文包

464. 对待计算机软件正确的态度是(　　)。

A．计算机软件不需要维护

B．计算机软件只要能复制得到就不必购买

C．受法律保护的计算机软件不能随便复制

D．计算机软件不必有备份

465. 指令的解释是电子计算机的哪一部分来执行？(　　)。

A．控制部分　　B．存储部分　　C．输入/输出部分　　D．算术和逻辑部分

466. 网桥实现网络互联的层次是(　　)。

A．数据链路层　　B．传输层　　C．网络层　　D．应用层

467. 计算机网络建立的主要目的是实现计算机资源的共享，计算机资源主要指计算机(　　)。

A．软件与数据库　　B．服务器、工作站与软件

C．硬件、软件与数据　　D．通信子网与资源子网

468. 在 TCP/IP 参考模型中，负责提供面向连接服务的协议是(　　)。

A．FTP　　B．DNS　　C．TCP　　D．TDP

469. 关于网络层的描述中，正确的是(　　)。

A．基本数据传输单位是帧

B．主要功能是提供路由选择

C．完成应用层信息格式的转换

D．提供端到端的传输服务

470．电子邮件传输协议是（　　）。

A．DHCP　　B．FTP　　C．CMIP　　D．SMTP

471．关于服务器操作系统的描述中，错误的是（　　）。

A．是多用户、多任务的系统

B．通常采用多线程的处理方式

C．线程比进程需要的系统开销小

D．线程管理比进程管理复杂

472．在电子商务的概念模型中，不属于电子商务构成要素的是（　　）。

A．互联网　　B．交易主体　　C．交易事务　　D．电子市场

473．一个连接两个以太网的路由器接收到一个 IP 数据报，如果需要将该数据报转发到 IP 地址为 202.123.1.1 的主机，那么该路由器可以使用哪种协议寻找目标主机的 MAC 地址？（　　）。

A．IP　　B．ARP　　C．DNS　　D．TCP

474．关于客户机/服务器模式的描述中，正确的是（　　）。

A．客户机主动请求，服务器被动等待

B．客户机和服务器都主动请求

C．客户机被动等待，服务器主动请求

D．客户机和服务器都被动等待

475．关于 WWW 服务系统的描述中，错误的是（　　）。

A．WWW 采用客户/机服务器模式

B．WWW 的传输协议采用 HTML

C．页面到页面的链接信息由 URL 维持

D．客户端应用程序称为浏览器

476．下面哪个地址不是组播地址？（　　）

A．224.0.1.1　　B．232.0.0.1　　C．233.255.255.1　　D．240.255.255.1

477．关于即时通信的描述中，正确的是（　　）。

A．只工作在客户机/服务器方式　　B．QQ 是最早推出的即时通信软件

C．QQ 的聊天通信是加密的　　D．即时通信系统均采用 SIP 协议

478．网络全文搜索引擎一般包括搜索器、检索器、用户接口和（　　）。

A．索引器　　B．机器人　　C．爬虫　　D．蜘蛛

479．双绞线可以用来作为（　　）的传输介质。

A．模拟信号　　B．数字信号

C．数字信号和模拟信号　　D．模拟信号和基带信号

480．传输介质是通信网络中发送方和接收方之间的（　　）通路。

A．物理　　B．逻辑　　C．虚拟　　D．数字

481．目前广泛应用于局部网络中的 50 欧姆电缆，主要用于（　　）传送。

A．基带数字信号 50 欧姆

B．频分多路复用 FDM 的模拟信号

C．频分多路复用 FDM 的数字信号

D．频分多路复用 FDM 的模拟信号和数字信号

482. 传送速率单位“b/s”代表（　　）。

A．bytes per second　　B．bits per second
C．baud per second　　D．billion per second

483. 光缆适合于（　　）。

A．沿管道寻找路径　　B．在危险地带使用
C．移动式视象应用　　D．无电磁干扰的环境应用

484. 当前使用的 IP 地址是（　　）比特。

A．16　　B．32　　C．48　　D．128

485. 在哪个范围内的计算机网络可称之为局域网?（　　）

A．在一个楼宇　　B．在一个城市　　C．在一个国家　　D．在全世界

486. 下列不属于局域网层次的是（　　）。

A．物理层　　B．数据链路层　　C．传输层　　D．网络层

487. LAN 是（　　）的英文缩写。

A．网络　　B．网络操作系统　　C．局域网　　D．实时操作系统

488. 在 OSI 模型中，提供路由选择功能的层次是（　　）。

A．物理层　　B．数据链路层　　C．网络层　　D．应用层

489. TCP 的主要功能是（　　）。

A．进行数据分组　　B．保证可靠传输
C．确定数据传输路径　　D．提高传输速度

490. TCP/IP 体系结构中与 ISO-OSI 参考模型的 1、2 层对应的是哪一层？（　　）

A．网络接口层　　B．传输层　　C．互联网层　　D．应用层

491. 下列不属于广域网的是（　　）。

A．电话网　　B．ISDN
C．以太网　　D．X.25 分组交换公用数据网

492. I EEE 802 标准中，规定了 CSMA/CD 访问控制方法和物理层技术规范的是（　　）。

A．802.1A　　B．802.2　　C．802.1B　　D．802.3

493. IP 协议提供的是（　　）类型。

A．面向连接的数据报服务　　B．无连接的数据报服务
C．面向连接的虚电路服务　　D．无连接的虚电路服务

494. 网桥工作于（　　），用于将两个局域网连接在一起并按 MAC 地址转发帧。

A．物理层　　B．网络层　　C．数据链路层　　D．传输层

495. 路由器工作于（　　），用于连接多个逻辑上分开的网络。

A．物理层　　B．网络层　　C．数据链路层　　D．传输层

496. 超文本的含义是（　　）。

A．该文本中含有声音
B．该文本中含有二进制数
C．该文本中含有链接到其他文本的连接点
D．该文本中含有图像

497. Internet 采用了目前在分布式网络中最流行的（　　）模式，大大增强了网络信息服务

的灵活性。

A．主机/终端 B．客户机/服务器 C．仿真终端 D．拨号 PPP

498．负责电子邮件传输的应用层协议是（ ）。

A．SMTP B．PPP C．IP D．FTP

499．主机域名 for.zj.edu.cn 中（ ）表示主机名。

A．zj B．for C．edu D．cn

500．哪种物理拓扑将工作站连接到一台中央设备？（ ）

A．总线型 B．环形 C．星形 D．树形

501．下列属于星形拓扑的优点的是（ ）。

A．易于扩展 B．电缆长度短 C．不需接线盒 D．访问协议简单

502．IEEE 802 标准中，规定了 LAN 参考模型的体系结构的是（ ）。

A．802.1A B．802.2 C．802.1B D．802.3

503．远程登录使用（ ）协议。

A．SMTP B．FTP C．UDP D．TELNET

504．文件传输使用（ ）协议。

A．SMTP B．FTP C．SNMP D．TELNET

505．域名 http://www.njupt.edu.cn/由 4 个子域组成，其中哪个表示主机名？（ ）

A．www B．njupt C．edu D．cn

506．在 WINNT 安装过程中应将硬盘分区格式化为（ ）格式。

A．FAT B．DBF C．DOC D．NTFS

507．防火墙主要用于（ ）。

A．企业网内部 B．企业内部网与 Internet 之间

C．Internet 之中 D．局域网内部

508．一座大楼内的一个计算机网络系统，属于（ ）。

A．PAN B．LAN C．MAN D．WAN

509．利用网络属性窗口的标识标签不能设置的是（ ）。

A．计算机名 B．工作组

C．计算机说明 D．域名

510．按共享级访问控制方式，共享访问类型不会有（ ）。

A．更改 B．只读 C．完全 D．根据密码访问

511．复制用户时，可复制的是（ ）。

A．用户名称 B．组关系 C．全称 D．密码与确认密码

512．要选择多个连续的用户需用到的键是（ ）。

A．Ctrl B．Alt C．Shift D．Tab

513．双绞线由两根相互绝缘的、绞合成均匀的螺纹状的导线组成，下列关于双绞线的叙述，不正确的是（ ）。

A．它的传输速率达 10～100Mbit/s，甚至更高，传输距离可达几十公里甚至更远

B．它既可以传输模拟信号，也可以传输数字信号

C．与同轴电缆相比，双绞线易受外部电磁波干扰，线路本身也会产生噪声，误码率较高

D. 通常只用作局域网通信介质

514. 127.0.0.1 属于哪一类特殊地址？（ ）

A. 广播地址 B. 回环地址 C. 本地链路地址 D. 网络地址

515. HTTP 的会话有四个过程，请选出不是的一个。（ ）

A. 建立连接 B. 发出请求信息 C. 发出响应信息 D. 传输数据

516. 在 ISO/OSI 参考模型中，网络层的主要功能是（ ）

A. 提供可靠的端-端服务，透明地传送报文

B. 路由选择、拥塞控制与网络互连

C. 在通信实体之间传送以帧为单位的数据

D. 数据格式变换、数据加密与解密、数据压缩与恢复

517. 下列哪个任务不是网络操作系统的基本任务？（ ）

A. 明确本地资源与网络资源之间的差异

B. 为用户提供基本的网络服务功能

C. 管理网络系统的共享资源

D. 提供网络系统的安全服务

518. 要把学校里行政楼和实验楼的局域网互连，可以通过（ ）实现。

A. 交换机 B. MODEM C. 中继器 D. 网卡

519. 以下哪一类 IP 地址标识的主机数量最多？（ ）

A. D 类 B. C 类 C. B 类 D. A 类

520. 子网掩码中“1”代表（ ）。

A. 主机部分 B. 网络部分 C. 主机个数 D. 无任何意义

521. 计算机网络中可以共享的资源包括（ ）。

A. 硬件、软件、数据、通信信道 B. 主机、外设、软件、通信信道

C. 硬件、程序、数据、通信信道 D. 主机、程序、数据、通信信道

522. 在 OSI 中，为实现有效、可靠的数据传输，必须对传输操作进行严格的控制和管理，完成这项工作的层次是（ ）。

A. 物理层 B. 数据链路层 C. 网络层 D. 运输层

523. 在星形局域网结构中，连接文件服务器与工作站的设备是（ ）。

A. 调制解调器 B. 交换器 C. 路由器 D. 集线器

524. 下列属于广域网拓扑结构的是（ ）。

A. 树形结构 B. 集中式结构 C. 总线型结构 D. 环形结构

525. 网络协议的主要要素为（ ）。

A. 数据格式、编码、信号电平 B. 数据格式、控制信息、速度匹配

C. 语法、语义、同步 D. 编码、控制信息、同步

526. 下面的协议中，（ ）是属于 TCP/IP 协议簇中的高层协议，并且主要用途为完成电子邮件传输。

A. MHS B. HTML C. SMTP D. SNMP

527. 各种网络在物理层互连时要求（ ）。

A. 数据传输率和链路协议都相同

B. 数据传输率相同，链路协议可不同

C．数据传输率可不同，链路协议相同

D．数据传输率和链路协议都可不同

528. 在 OSI 的网络体系结构中，对等实体之间传输的信息组成是（　　）。

A．接口控制信息　　B．协议控制信息

C．接口数据单元　　D．协议数据单元

529. 世界上很多国家都相继组建了自己国家的公用数据网，现有的公用数据网大多采用（　　）。

A．分组交换方式　　B．报文交换方式

C．电路交换方式　　D．空分交换方式

530. 在 IP 地址方案中，159.226.181.1 是一个（　　）。

A．A 类地址　　B．B 类地址　　C．C 类地址　　D．D 类地址

531. 在 TCP/IP 中，解决计算机到计算机之间通信问题的层次是（　　）。

A．网络接口层　　B．网际层　　C．传输层　　D．应用层

532. 下面关于 Intranet 的描述不正确的是（　　）。

A．基于 TCP/IP 组网　　B．是企业或公司的内部网络

C．提供了 WWW 和 E-mail 服务　　D．是局域网的一种形式

533. 域名服务器上存放有 Internet 主机的（　　）。

A．域名　　B．IP 地址　　C．域名和 IP 地址　　D．E-mail 地址

534. 在计算机网络中，所有的计算机均连接到一条通信传输线路上，在线路两端连有防止信号反射的装置。这种连接结构被称为（　　）。

A．总线结构　　B．环形结构　　C．星形结构　　D．网状结构

535. 以下属于广域网技术的是（　　）。

A．以太网　　B．令牌环网　　C．帧中继　　D．FDDI

536. TCP 的协议数据单元被称为（　　）。

A．比特　　B．帧　　C．分段　　D．字符

537. 为采用拨号方式联入 Internet 网络，（　　）是不必要的。

A．电话线　　B．一个 MODEM　　C．一个 Internet 账号　　D．一台打印机

538. 双绞线由两根相互绝缘的、按一定密度相互绞在一起的铜导线组成，下列关于双绞线的叙述，不正确的是（　　）。

A．与同轴电缆相比，双绞线不易受外部电磁波的干扰，误码率较低

B．它既可以传输模拟信号，也可以传输数字信号

C．安装方便，价格较低

D．通常只用作局域网通信介质

539. 要把学校里教学楼和科技楼的局域网互连，可以通过（　　）实现。

A．交换机　　B．Modem　　C．中继器　　D．网卡

540. B 类地址中，有（　　）位用来表示主机地址。

A．8　　B．24　　C．16　　D．32

541. 单模光纤采用（　　）作为光源。

A．发光二极管 LED　　B．CMOS 管

C．半导体激光 ILD　　D．CCD

542. 目前最流行的以太网组网的拓扑结构是（　　）。
A．总线型结构　B．环形结构　C．星形结构　D．网状结构
543. 在星形局域网结构中，连接文件服务器与工作站的设备是（　　）。
A．调制解调器　B．网桥　C．路由器　D．集线器
544. 完成路径选择功能是在 OSI 模型的（　　）。
A．物理层　B．数据链路层　C．网络层　D．运输层
545. 在中继系统中，中继器处于（　　）。
A．物理层　B．数据链路层　C．网络层　D．高层
546. 计算机网络拓扑是通过网中节点与通信线路之间的几何关系表示网络中各实体间的（　　）。
A．联机关系　B．结构关系　C．主次关系　D．层次关系
547. TCP/IP 体系结构中与 ISO-OSI 参考模型的 1、2 层对应的是哪一层？（　　）
A．网络接口层　B．传输层　C．互联网层　D．应用层
548. IP 协议是无连接的，其信息传输方式是（　　）。
A．点到点　B．广播　C．虚电路　D．数据报
549. 用于电子邮件的协议是（　　）。
A．IP　B．TCP　C．SNMP　D．SMTP
550. Web 使用（　　）进行信息传递。
A．HTTP　B．HTML　C．FTP　D．TELNET
551. 检查网络连通性的应用程序是（　　）。
A．PING　B．ARP　C．BIND　D．DNS
552. ISDN 的基本速率是（　　）。
A．64kbps　B．128kbps　C．144kbps　D．384kbps
553. 在 Internet 中，按（　　）进行寻址。
A．邮件地址　B．IP 地址　C．MAC 地址　D．网线接口地址
554. 在下面的服务中，（　　）不属于 Internet 标准的应用服务。
A．WWW 服务　B．E-mail 服务　C．FTP 服务　D．NETBIOS 服务

附录2 全国计算机一级考试模拟测试题

模拟试题一

一、选择题（20分）

1. 防火墙用于将Internet和内部网络隔离，因此它是________。

   A．防止Internet火灾的硬件设施

   B．抗电磁干扰的硬件设施

   C．保护网线不受破坏的软件和硬件设施

   D．网络安全和信息安全的软件和硬件设施

2. CPU的指令系统又称为________。

   A．汇编语言　　B．机器语言　　C．程序设计语言　　D．符号语言

3. 操作系统的主要功能是________。

   A．对用户的数据文件进行管理，为用户管理文件提供方便

   B．对计算机的所有资源进行统一管理和控制，为用户使用计算机提供方便

   C．对源程序进行编译和运行

   D．对汇编语言程序进行翻译

4. 如果删除一个非零无符号二进制偶数后的2个0，则此数的值为原数的________。

   A．4倍　　B．2倍　　C．1/2　　D．1/4

5. 拥有计算机并以拨号方式接入Internet网的用户需要使用________。

   A．CD-ROM　　B．鼠标　　C．U盘　　D．MODEM

6. 下列软件中，属于系统软件的是________。

   A．办公自动化软件　B．Windows XP　C．管理信息系统　D．指挥信息系统

7. 在计算机中，组成一个字节的二进制位位数是________。

   A．1　　B．2　　C．4　　D．8

8. 计算机网络中常用的有线传输介质有________。

   A．双绞线，红外线，同轴电缆　　B．激光，光纤，同轴电缆

   C．双绞线，光纤，同轴电缆　　D．光纤，同轴电缆，微波

9. “千兆以太网”通常是一种高速局域网，其网络数据传输速率大约为________。

   A．1000位/秒　　B．1000000位/秒　C．1000字节/秒　　D．1000000字节/秒

10. 一般来说，数字化声音的质量越高，则要求________。

    A．量化位数越少，采样率越低　　B．量化位数越多，采样率越高

C．量化位数越少，采样率越高　　D．量化位数越多，采样率越低

11. 下列关于汇编语言程序的说法，正确的是________。

A．相对于高级程序设计语言程序具有良好的可移植性

B．相对于高级程序设计语言程序具有良好的可读性

C．相当于机器语言程序具有良好的可移植性

D．相当于机器语言程序具有较高的执行效率

12. 计算机网络是一个________。

A．管理信息系统　　B．编译系统

C．在协议控制下的多机互联系统　　D．网上购物系统

13. 在 Internet 上浏览时，浏览器和 WWW 服务器之间传输网页使用的协议是________。

A．HTTP　　B．IP　　C．FTP　　D．SMTP

14. 高级程序设计语言的特点是________。

A．高级语言数据结构丰富

B．高级语言与具体的机构结构密切相关

C．高级语言接近算法语言，不易掌握

D．用高级语言编写的程序计算机可立即执行

15. 十进制整数 127 转换为二进制整数等于________。

A．1010000　　B．0001000　　C．1111111　　D．1011000

16. 下列叙述中，正确的是________。

A．内存中存放的只有程序代码

B．内存中存放的只有数据

C．内存中存放的既有程序代码又有数据

D．外存中存放的是当前正在执行的程序代码和所需的数据

17. 防火墙是指________。

A．一个特定软件　　B．一个特定硬件

C．执行访问控制策略的一组系统　　D．一批硬件的总称

18. 能保存网址地址的文件夹是________。

A．收件箱　　B．公文包　　C．我的文档　　D．收藏夹

19. 已知英文字母 m 的 ASCII 码值为 6DH，那么 ASCII 码值为 71H 的英文字母是________。

A．m　　B．j　　C．p　　D．q

20. 以.avi 为扩展名的文件通常是________。

A．文本文件　　B．音频信号文件　　C．图像文件　　D．视频信号文件

二、基本操作题（10 分）

在“考生文件夹\win001”中执行以下操作。

1. 将考生文件夹下 MUNLO 文件夹中的文件 KUB.DOCX 删除。

2. 在考生文件夹下 LOICE 文件夹中建立一个名为 WENHUA 的新文件夹。

3. 将考生文件夹下 JIE 文件夹中的文件 BMP.BAS 设置为只读属性。

4. 将考生文件夹下 MICRO 文件夹中的文件 GUIST.WPS 移动到考生文件夹下的 MING 文件夹中。

5. 将考生文件夹下 HYR 文件夹中的文件 MOUNT.PPTX 在同一文件夹下再复制一份，并将

新复制的文件改名为 BASE.PPTX。

三、字处理（25 分）

在“考生文件夹\word001”中执行以下操作。

1. 在考生文件夹下，打开文档 word1.docx，按照要求完成下列操作并以该文件名（word1.docx）保存文档。

（1）将文中所有“传输速度”替换为“传输率”；将标题段文字（“硬盘的技术指标”）设置为小二号红色黑体、加粗，居中，并添加黄色底纹；段后间距设置为 1 行。

（2）将正文各段文字（“目前台式机中……512KB 至 2MB”）的中文设置为五号仿宋、英文设置为五号 Arial 字体；各段落左右缩进 1.5 字符，各段落设置为 1.4 倍行距。

（3）正文第一段（“目前台式机中……技术指标如下：”）首字下沉两行，距正文 0.1 厘米；正文后五段（“平均访问时间：……512KB 至 2MB。”）分别添加编号 1）、2）、3）、4）、5）。

2. 在考生文件夹下，打开文档 word2.docx，按照要求完成下列操作并以该文件名（word2.docx）保存文档。

（1）设置表格列宽为 2.2 厘米，行高为 0.6 厘米；设置表格居中；表格中第一行和第一列文字水平居中，其他各行各列文字中部右对齐。设置表格单元格左右边距均为 0.3 厘米。

（2）在“合计（元）”列中的相应单元格中，按公式（合计 = 单价 × 数量）计算并填入左侧设备的合计金额，并按“合计（元）”列降序排列表格内容。

四、电子表格（20 分）

在“考生文件夹\excel001”中执行以下操作。

1. 在考生文件夹下打开 EXCEL.xlsx 文件：

（1）将 sheet1 工资表的 A1:F1 单元格合并为一个单元格，内容水平居中；计算“平均成绩”列的内容（数值型，保留小数点后 2 位），计算一组学生人数（置 G3 单元格内，利用 COUNTIF 函数）和一组学生平均成绩（置 G5 单元格内，利用 SUMIF 函数）。

（2）选取“学号”和“平均成绩”列内容，建立“簇状棱锥图”，图标题为“平均成绩统计图”，清除图例，将图插入表的 A14:G29 单元格区域内，将工作表命名为“成绩统计表”，保存 EXCEL.xlsx 文件。

2. 打开工作簿文件 EXC.xlsx，对工作表“图书销售情况表”内数据清单的内容进行自动筛选，条件为各分部第三和第四季度、计算机类和少儿类图书，工作表名不变，保存 EXC.xlsx 工作簿。

五、演示文稿（15 分）

在“考生文件夹\PowerPoint001”中执行以下操作。

打开考生文件夹下的演示文稿 yswg.pptx，按照下列要求完成对此文稿的修饰并保存。

1. 使用“暗香扑鼻”主题修饰全文，全部幻灯片切换方案为“百叶窗”，效果选项为“水平”。

2. 在第一张“标题幻灯片”中，主标题字体设置为“Time New Roman”、47 磅字；副标题字体设置为“Arial Black”“加粗”“55 磅字”。主标题文字颜色设置为蓝色（RGB 模式：红色 0，绿色 0，蓝色 230）。副标题动画效果为“进入”“旋转”，效果选项为文本“按字、词”。幻灯片背景设置为“白色大理石”。第二张幻灯片的版式改为“两栏内容”，原有信号灯图片移入左侧文本区，将第四张幻灯片的图片移动到第二张幻灯片右侧内容区。删除第四张幻灯片。第三张幻灯片标题为“Open-loop Control”，47 磅字，然后移动它，让其成为第二张幻灯片。

六、上网（10 分）

某模拟网站的主页地址是：http://LOCALHOST/oeintro.htm，打开此主页，浏览“设置多个标识”页面，查找“添加新标志”页面内容，并将它以文本文件的格式保存到考生文件夹

c:\k01\15010001\WE\Net001 下，命名为“rjbb.txt”。

模拟试题二

一、选择题（20 分）

1. 若要将计算机与局域网连接，至少需要具有的硬件是________。

A．集线器　　B．网关　　C．网卡　　D．路由器

2. 世界上公认的第一台电子计算机诞生在________。

A．日本　　B．英国　　C．美国　　D．中国

3. 下列关于计算机病毒的叙述中，正确的是________。

A．感染过计算机病毒的计算机具有对该病毒的免疫性

B．反病毒软件可以查、杀任何种类的病毒

C．计算机病毒是一种被破坏了的程序

D．反病毒软件必须随着新病毒的出现而升级，提高查、杀病毒的功能

4. 如果删除一个非零无符号二进制数尾数的 2 个 0，则此数的值为原数的________。

A．1/2　　B．2 倍　　C．1/4　　D．4 倍

5. 微机内存按________。

A．十进制编址　　B．二进制编址　　C．字节编址　　D．字长编址

6. 下列选项中，完整描述计算机操作系统作用的是________。

A．它执行用户键入的各项命令

B．它管理计算机系统的全部软、硬件资源，合理组织计算机的工作流程，充分发挥计算机资源的效率，为用户提供使用计算机的友好界面

C．它对用户储存的文件进行管理

D．它是用户与计算机的界面

7. 用助记符代替操作码、地址符号代替操作数的面向机器的语言是________。

A．汇编语言　　B．高级语言　　C．机器语言　　D．FORTRAN 语言

8. 下列各组软件中，全部属于应用软件的是________。

A．导弹飞行系统，军事信息系统，航天信息系统

B．Word 2010，Photoshop，Windows 7

C．文字处理程序，军事指挥程序，UNIX

D．音频播放系统，语言翻译系统，数据库管理系统

9. 在所列出的：1、字处理软件，2、Linus，3、UNIX，4、学籍管理系统，5、WinXP 和 6、Office 2003 六个软件中，属于系统软件的是________。

A．1、2、3、5　　B．1、2、3　　C．2、3、5　　D．全部都不是

10. 下列各类计算机程序中，不属于高级程序设计语言的是________。

A．FORTAN 语言　　B．汇编语言　　C．C++语言　　D．Visual Basic 语言

11. 一个字符的标准 ASCII 码的长度是________。

A．16bits　　B．8bits　　C．7bits　　D．6bits

12. 下面关于 U 盘的描述中，错误的是________。

A．U 盘的特点是重量轻、体积小

B．断电后，U 盘还能保持存储的数据不丢失

C．U 盘多固定在机箱内，不便携带

D．U 盘有基本型、增强型和加密型三种

13．用来存储当前正在运行的应用程序及相应数据的存储器是________。

A．U 盘　　B．CD-ROM　　C．硬盘　　D．内存

14．下列关于 CPU 的叙述中，正确的是________。

A．CPU 主要用来执行算术运算

B．CPU 能直接读取硬盘上的数据

C．CPU 主要组成部分是存储器和控制器

D．CPU 能直接与内存储器交换数据

15．下列设备中，可以作为微机输入设备的是________。

A．绘图仪　　B．鼠标　　C．显示器　　D．打印机

16．下列说法中，正确的是________。

A．用高级程序语言编写的程序可移植性和可读性都很差

B．只要将高级程序语言编写的源程序文件（如 try.c）的扩展名更改为.exe，则它就是可执行文件了

C．高档计算机可以直接执行用高级语言编写的程序

D．高级语言源程序只有经过编译和链接后才能成为可执行程序

17．在标准 ASCII 码表中，已知英文字母 A 的 ASCII 码是 01000001，则英文字母 D 的 ASCII 码是________。

A．01000100　　B．01000011　　C．01000110　　D．01000101

18．下列关于计算机病毒的描述，正确的是________。

A．计算机病毒是一种特殊的计算机程序，因此数据文件中不可能携带病毒

B．光盘上的软件不可能携带计算机病毒

C．任何计算机病毒一定会有清除的方法

D．正版软件不会受到计算机病毒的攻击

19．一个完整的计算机系统应该包括________。

A．主机、显示器、键盘和音箱等外部设备

B．硬件系统和软件系统

C．主机、鼠标、键盘和显示器

D．系统软件和应用软件

20．计算机网络最突出的特点是________。

A．精度高　　B．资源共享

C．运算速度快　　D．容量大

二、基本操作题（10 分）

在“考生文件夹 win001”中执行以下操作。

1．将考生文件夹下 FENG/WANG 文件夹中的文件 BOOK.prg 移动到考生文件夹下 CHANG 文件夹中，并将该文件命名为 TEXT.prg。

2．将考生文件夹下 CHU 文件夹中的文件 JIANG.tmp 删除。

3．将考生文件夹下 REI 文件夹中的文件 SONG.for 复制到考生文件夹下 CHENG 文件夹中。

4．在考生文件夹下 MAO 文件夹中建立一个新文件夹 YANG。

5. 将考生文件夹下 ZHOU/DENG 文件夹中的文件 OWER.dbf 设置为隐藏属性。

三、字处理（25 分）

在“考生文件夹\word001”中执行以下操作。

在考生文件夹下打开文档 WORD.docx，按要求完成下列操作并以该文件名（WORD.docx）保存文档。

1. 将标题段（“7 月份 CPI 同比上涨 6.3%涨幅连续三月回落”）文字设置为红色（标准色）、三号黑体、加粗、居中，并添加着重号。

2. 将正文中各段（“国家统计局……同比上涨 7.7%。”）中的文字设置为小四号宋体，行距 20 磅。使用“编号”功能为正文第三段至第十段（“食品类价格……同比上涨 7.7%。”）添加编号“一、”“二、”……。

3. 设置页面上、下边距各为 2 厘米，页面垂直对齐方式为“底端对齐”。

4. 将文中后 7 行文字转换成一个 7 行 3 列的表格，并将表格样式设置为“简明型 3”，设置表格居中、表格中所有文字水平居中；设置表格列宽为 3 厘米、行高为 0.6 厘米，设置表格使单元格的左、右边距均为 0.3 厘米。

5. 在表格最后添加一行，并在“月份”列输入“7”，在“CPI”列输入“6.3%”，在“PPI”列输入“10.0%”；按“CPI”列（依据“数字”类型）降序排列表格内容。

四、电子表格（20 分）

在“考生文件夹/excel001”中执行以下操作。

1. 打开工作薄文件 EXCEL.xlsx；将 Sheet1 工作表中的 A1:E1 单元格合并为一个单元格，内容水平居中；计算“总产量（吨）”“总产量排名”（利用 RANK 函数，降序）；利用条件格式“数据条”下的“蓝色数据条”渐变填充修饰 D3:D10 单元格区域。选择“地区”和“总产量（吨）”两列数据区域的内容建立“簇状圆锥图”，图表标题为“水果产量统计图”，图例位置靠上；将图插入表 A12:E28 单元格区域，将工作表命名为“水果产量统计表”，保存 EXCEL.xlsx 文件。

2. 打开工作薄文件 EXCEL.xlsx，对工作表“‘计算机动画技术’成绩单”内数据清单的内容进行排序，条件是：主要关键字为“系别”“降序”，次要关键字为“总成绩”“降序”，工作表名不变，保存 EXCEL.xlsx 工作薄。

五、演示文稿（15 分）

在“考生文件夹\PowerPoint001”中执行以下操作。

打开考生文件夹下的演示文稿 yswg.pptx，按照下列要求完成对此文稿的修饰并保存。

1. 使用“极目远眺”主题修饰全文，将全部幻灯片切换方案设置为“擦除”，效果选项为“自顶部”。

2. 在第一张幻灯片之前插入一张版式为“空白”的新幻灯片，在位置（水平：5.3 厘米，自：左上角，垂直：8.2 厘米，自：右上角）插入样式为“填充-无，轮廓-强调文字颜色 2”的艺术字“数据库原理与技术”，文字效果为“转换-弯曲-双波形 2”。第四张幻灯片的版式改为“两栏内容”，将第五张幻灯片的左图插入第四张幻灯片右侧文本内容区。图片动画设置为“进入”“旋转”。将第五张幻灯片的图片插入第二张幻灯片右侧文本区，第二张幻灯片主标题输入“数据模型”。第三张幻灯片的文本设置为 27 磅，并移动第二张幻灯片，使之成为第四张幻灯片，删除第五张幻灯片。

六、上网（10 分）

某模拟网站的主页地址是 http：//LOCALHOST/INDEX.HTM，打开此主页，浏览“建立到企业网的拨号网络连接”页面，并将它以文本文件的格式保存到考生文件夹 C:/K01/15010001/WE/NET001

下，命名为“cbtes.txt”。

模拟试题三

一、选择题（20分）

1. 显示器是一种________。

A．输入设备　　B．输出设备

C．既可做输入设备，又可做输出设备　　D．控制设备

2. 正在工作的微机突然断电，此时计算机________信息丢失，并且恢复供电后也无法恢复这些信息。

A．软盘　　B．RAM　　C．硬盘　　D．ROM

3. 已知英文字母m的ASCII码值为109，那么英文字母p的ASCII码值是________。

A．112　　B．113　　C．111　　D．114

4. 用高级语言编写的程序称为源程序，它不能直接在机器中运行，必须经过________运行。

A．汇编和解释　　B．编辑和装配链接

C．编译和装配链接　　D．解释和编译

5. 下列各类计算机程序语言中，________不是高级程序设计语言。

A．机器语言　　B．FORTAM语言

C．PASCAL语言　　D．FoxBASE数据库语言

6. Pentium III/500中的500表示________。

A．CPU的运算速度为500MIPS

B．CPU为Pentium III的500系列

C．CPU的时钟主频为500MHz

D．CPU与内存间的数据交换速率是500KB/s

7. 英文缩写CAI的中文意思是________。

A．计算机辅助设计　　B．计算机辅助制造

C．计算机辅助教学　　C．计算机辅助管理

8. 目前常用的3.5英寸1.44MB软盘格式化后具有________个磁道。

A．79　　B．80　　C．40　　D．39

9. 一个计算机软件由________组成。

A．系统软件和应用软件　　B．编辑软件和应用软件

C．数据库软件和工具软件　　D．程序和相应文档

10. 随机存取存储器的英文缩写名称是________。

A．EPROM　　B．ROM　　C．RAM　　D．CD-ROM

11. 计算机的操作系统是________。

A．计算机最重要的应用软件　　B．最核心的计算机系统软件

C．微机的专用软件　　D．微机的通用软件

12. 下列两个二进制数进行算术加运算，100001 + 111=________。

A．101110　　B．101000　　C．101010　　D．100101

13. 计算机的硬件主要包括：中央处理器（CPU）、存储器、输出设备和________。

A．键盘　　B．鼠标　　C．输入设备　　D．显示器

14. 计算机最早的应用领域是________。

A．辅助工程　　B．过程控制　　C．数据处理　　D．数值计算

15. 下列各类计算机程序语言中，________不是高级程序设计语言。

A．汇编语言　　B．FORTAM 语言　C．PASCAL 语言　D．C++语言

16. 下列各指标中，________是数据通信系统的主要技术指标之一。

A．误码率　　B．重码率　　C．分辨率　　D．频率

17. 计算机的内存储器由________组成。

A．RAM　　B．ROM　　C．RAM 和硬盘　　D．RAM 和 ROM

18. 五笔字型码输入法属于________。

A．音码输入法　　B．形码输入法

C．音形结合的输入法　　D．联想输入法

19. CD-ROM 属于________。

A．大容量可读可写外存储器　　B．大容量只读外存储器

C．直接受 CPU 控制的存储器　　D．只读内存储器

20. 操作系统是一种________。

A．使计算机便于操作的硬件

B．计算机的操作规范

C．管理各类计算机系统资源，为用户提供友好界面的一组管理程序

D．便于操作的计算机系统

二、基本操作题（10 分）

在“考生文件夹\win001”中执行以下操作。

1. 在考生文件夹中新建一个 SOUND.TXT 文件。

2. 搜索考生文件夹下的 TU.COM 文件，然后将其删除。

3. 将考生文件夹下 BAO 文件夹中的 SHE 文件夹设置成隐藏属性。

4. 为考生文件夹下 LAN.FOR 文件建立名为 RLAN 的快捷方式，存放在考生文件夹下的 GEL 文件夹中。

5. 将考生文件夹下 PING\QIU 文件夹中的文件 TONG.C 复制到考生文件夹下 TOOLS 文件夹中。

三、字处理（25 分）

在“考生文件夹\word001”中执行以下操作。

试对考生文件夹下 WORD.doc 文档中的文字进行编辑、排版和保存，具体要求如下。

1. 将标题段（“长安奔奔微型轿车简介”）文字设置为楷体、二号、标准色红色、加粗并添加着重号。

2. 将正文各段（“2006 年 11 月……车身侧倾不大。”）中的中文文字设置为小四号宋体、西文文字设置为小四号 Arial 字体；行距 18 磅，各段落段前间距 0.5 行。将最后一段（“奔奔的底盘……车身侧倾不大。”）分为等宽两栏，栏间距 3 字符，栏间添加分隔线。

3. 将文中后 7 行文字转换成一个 7 行 2 列的表格，并使用表格自动套用格式的“简明型 1”修改表格样式；设置表格居中、表格中所有单元格对齐方式为水平居中；设置表格列宽为 5 厘米、行高为 0.6 厘米，设置表格所有单元格的左、右边距均为 0.3 厘米（使用“表格属性”对话框中的“单元格”选项进行设置）。

4. 在表格最后一行之后添加一行，并在“参数名称”列输入“发动机型号”，在“参数值”列输入“JL474Q2”。

四、电子表格（20 分）

在“考生文件夹\excel001”中执行以下操作。

1. 在考生文件夹下打开 EXCEL.xlsx 文件，将 sheet1 工作表中的 A1:D1 单元格合并为一个单元格，内容水平居中；用公式计算销售额列的内容（销售额 = 单价 × 数量），单元格格式的数字分类为货币，符号为￥，小数位数为 0，用公式计算总计行的内容，将工作表命名为“设备购置情况表”，保存 EXCEL.xlsx 文件。

2. 打开工作簿文件 EXC.xlsx，对工作表“计算机专业成绩单”内的数据清单的内容进行分类汇总（提示：分类汇总前先按班级递增次序排序），分类字段为“班级”，汇总方式为“平均值”，汇总项为“平均成绩”，汇总结果显示在数据下方，保存 EXC.xlsx 文件。

五、演示文稿（15 分）

在“考生文件夹\PowerPoint001”中执行如下操作。

打开考生文件夹下的演示文稿 yswg.pptx，按照下列要求完成对此文稿的修饰并保存。

1. 对第一张幻灯片，主标题文字输入“发现号航天飞机发射推迟”，其字体为“黑体”，字号为 53 磅，加粗，红色（请用自定义标签的红色 250、绿色 0、蓝色 0）。副标题输入“燃料传感器存在故障”，其字体为“楷体”，字号为 33 磅。第二张幻灯片版式改为“两栏内容”，并将第一张的图片移到第二张幻灯片的文本区域，替换原有剪贴画。

2. 第二张幻灯片的文本动画设置为“百叶窗”“水平”。第一张幻灯片背景填充设置为“水滴”纹理。

3. 使用“流畅”主题修饰全文。放映方式为“演讲者放映”。

六、上网（10 分）

接收并阅读由 xuexq@mail.neea.edu.cn 发来的 E-mail，并立即回复，回复内容：“您所索取的资料已用快递寄出”。

附录 3 对应教材各章练习题部分参考答案

第 1 章　计算机系统概述

一、选择题

1．C	2．A	3．B	4．C
5．D	6．A	7．D	8．B
9．C	10．B		

二、填空题

1．电子管、晶体管、中小规模集成电路、大规模和超大规模集成电路

2．巨型机、大型机、小型机、微型机

3．$(110101.01)_2$，$(65.2)_8$，$(35.4)_{16}$

4．3123H

三、简答题

1．略

2．（1）183.625D = 10110111.101B = 267.5O = B7.CH

（2）70.521O = 111000.101010001B = 38.C88H

（3）10A.B2FH = 100001010.101100101111B = 412.5457O

3．ASCII 是 American Standard Code for Information Interchange 的缩写，即“美国标准信息交换代码”，“c”“H”“5”的 ASCII 值分别为：99、72、53。

第 2 章　Windows 7 操作系统

一、选择题

1．A	2．C	3．C	4．B
5．C	6．A	7．B	8．D
9．A	10.A	11．A	12．B
13．A	14．C	15．C	16．D
17．D	18．B	19．C	20．A

二、填空题

1．1G	2．文档
3．微软	4．复制

5．剪切　6．粘贴
7．文本、图像、应用程序、用户文件　8.通配符

第3章　文字处理软件 Word 2010

一、选择题

1．A	2．B	3．C	4．B
5．C	6．C	7．B	8．D
9．B	10．C		

二、填空题

1．CTR＋S	2．DOCX	3．大纲视图	4.标尺
5．页眉与页脚	6．A4		

三、操作题

略

四、思考题

略

第4章　电子表格处理软件 Excel 2010

一、选择题

1．B	2．B	3．A	4．B
5．C	6．B	7．A	8．B
9．D	10．C	11．A	12．B
13．A	14．C	15．B	16．B
17．A	18．B	19．C	20．C

二、简答题

略

三、操作题

略

第5章　演示文稿制作软件 PowerPoint 2010

一、选择题

1．A	2．A	3．C	4．C
5．D	6．D	7．D	8．D
9．A	10．D	11．D	12．B
13．D	14．C	15．A	

二、简答题

略

第6章　计算机网络基础与应用

一、选择题

1．B	2．A	3．C	4．C

5. A	6. C	7. B	8. A
9. B	10. D	11. A	12. C
13. A	14. D		

二、填空题

1. HTTP
2. 广域网、城域网
3. 总线型、星形
4. IP 地址、子网掩码、默认网关
5. UNIX、NetWare、Windows NT/server 2008、Linux
6. 网络号（网络地址）、主机号（主机地址号）
7. 传输控制（TCP）、网际（IP）
8. 网络接口层、应用层
9. ISO/OSI
10. 应用层、表示层、会话层、传输层、网络层 、数据链路层、物理层
11. 实现相邻节点间的无差错通信
12. 域名解析
13. TCP、IP

附录4 综合练习题及全国计算机一级考试模拟测试题参考答案

综合习题参考答案

1. A　2. A　3. C　4. C
5. B　6. D　7. D　8. C
9. C　10. D　11. B　12. A
13. C　14. C　15. D　16. D
17. B　18. C　19. C　20. B
21. A　22. D　23. A　24. B
25. C　26. B　27. A　28. B
29. B　30. B　31. D　32. C
33. C　34. D　35. A　36. D
37. A　38. B　39. B　40. A
41. A　42. D　43. A　44. A
45. D　46. A　47. C　48. B
49. C　50. A　51. D　52. D
53. A　54. C　55. D　56. B
57. B　58. A　59. D　60. D
61. D　62. C　63. D　64. D
65. B　66. C　67. B　68. B
69. D　70. C　71. B　72. D
73. B　74. C　75. B　76. D
77. A　78. C　79. B　80. C
81. C　82. D　83. B　84. C
85. A　86. B　87. B　88. D
89. C　90. C　91. B　92. B
93. A　94. D　95. C　96. C

97. D　98. B　99. B　100. D
101. A　102. D　103. A　104. D
105. C　106. C　107. B　108. D
109. C　110. C　111. C　112. D
113. B　114. A　115. A　116. B
117. A　118. C　119. D　120. C
121. D　122. C　123. B　124. C
125. C　126. D　127. B　128. B
129. B　130. A　131. D　132. B
133. C　134. D　135. D　136. A
137. B　138. C　139. B　140. A
141. C　142. D　143. D　144. C
145. B　146. A　147. B　148. D
149. D　150. A　151. D　152. B
153. B　154. A　155. D　156. B
157. A　158. C　159. A　160. C
161. C　162. D　163. C　164. A
165. B　166. A　167. D　168. A
169. A　170. D　171. B　172. D
173. D　174. A　175. C　176. B
177. B　178. B　179. D　180. A
181. B　182. A　183. B　184. B
185. B　186. C　187. D　188. B
189. A　190. D　191. B　192. A
193. A　194. D　195. D　196. C
197. C　198. B　199. A　200. B
201. A　202. C　203. B　204. A
205. A　206. B　207. D　208. A
209. B　210. A　211. D　212. A
213. D　214. D　215. C　216. A
217. D　218. B　219. D　220. C
221. A　222. D　223. A　224. C
225. B　226. C　227. A　228. A
229. B　230. B　231. A　232. A
233. B　234. A　235. A　236. B
237. A　238. B　239. C　240. B
241. C　242. A　243. A　244. C
245. D　246. C　247. C　248. A
249. D　250. D　251. C　252. C
253. B　254. B　255. B　256. C

257. A　　258. A　　259. C　　260. D
261. A　　262. C　　263. D　　264. B
265. A　　266. C　　267. B　　268. B
269. C　　270. D　　271. B　　272. C
273. B　　274. C　　275. A　　276. C
277. D　　278. B　　279. A　　280. C
281. C　　282. B　　283. A　　284. C
285. A　　286. B　　287. C　　288. C
289. B　　290. A　　291. C　　292. A
293. D　　294. C　　295. C　　296. D
297. C　　298. A　　299. A　　300. C
301. D　　302. A　　303. B　　304. B
305. B　　306. C　　307. B　　308. D
309. A　　310. D　　311. B　　312. D
313. B　　314. D　　315. B　　316. D
317. D　　318. D　　319. B　　320. D
321. D　　322. B　　323. D　　324. B
325. C　　326. A　　327. A　　328. B
329. B　　330. C　　331. D　　332. C
333. B　　334. C　　335. B　　336. B
337. A　　338. B　　339. A　　340. B
341. C　　342. D　　343. C　　344. A
345. B　　346. B　　347. B　　348. C
349. B　　350. B　　351. B　　352. C
353. C　　354. B　　355. D　　356. B
357. A　　358. A　　359. B　　360. B
361. A　　362. C　　363. C　　364. D
365. A　　366. D　　367. D　　368. A
369. B　　370. C　　371. A　　372. B
373. C　　374. D　　375. A　　376. A
377. B　　378. B　　379. A　　380. D
381. B　　382. A　　383. A　　384. B
385. B　　386. A　　387. C　　388. D
389. D　　390. D　　391. A　　392. D
393. D　　394. B　　395. D　　396. B
397. B　　398. B　　399. C　　400. C
401. B　　402. B　　403. A　　404. B
405. C　　406. D　　407. B　　408. B
409. C　　410. D　　411. B　　412. A
413. D　　414. B　　415. A　　416. C

417. C	418. B	419. C	420. B
421. D	422. A	423. C	424. D
425. B	426. B	427. B	428. A
429. D	430. D	431. C	432. C
433. D	434. C	435. C	436. A
437. A	438. C	439. B	440. A
441. B	442. D	443. B	444. C
445. C	446. C	447. A	448. C
449. A	450. B	451. C	452. A
453. D	454. C	455. D	456. D
457. D	458. A	459. C	460. A
461. C	462. A	463. D	464. C
465. A	466. A	467. C	468. C
469. B	470. D	471. D	472. A
473. B	474. A	475. B	476. D
477. C	478. A	479. C	480. A
481. A	482. B	483. B	484. B
485. A	486. C	487. C	488. C
489. B	490. A	491. C	492. D
493. B	494. C	495. B	496. C
497. B	498. A	499. B	500. C
501. D	502. A	503. D	504. B
505. A	506. D	507. B	508. B
509. D	510. C	511. B	512. A
513. A	514. B	515. D	516. B
517. A	518. A	519. D	520. B
521. A	522. B	523. D	524. B
525. C	526. C	527. A	528. D
529. A	530. B	531. B	532. A
533. C	534. A	535. C	536. C
537. D	538. A	539. A	540. C
541. C	542. C	543. D	544. C
545. A	546. B	547. A	548. D
549. D	550. A	551. A	552. C
553. B	554. D		

一级考试模拟测试题部分参考答案

模拟试题一

一、选择题

1. D	2. B	3. B	4. D
5. D	6. B	7. D	8. C
9. D	10. B	11. C	12. C
13. A	14. A	15. C	16. C
17. C	18. D	19. D	20. D

模拟试题二

一、选择题

1. C	2. C	3. D	4. C
5. C	6. B	7. A	8. A
9. C	10. B	11. C	12. C
13. D	14. D	15. B	16. D
17. A	18. C	19. B	20. B

模拟试题三

一、选择题

1. B	2. B	3. A	4. C
5. A	6. C	7. C	8. B
9. A	10. C	11. B	12. B
13. C	14. D	15. A	16. A
17. D	18. B	19. B	20. C

附录 5 全国计算机等级考试一级 Office 考试大纲

基本要求：

1. 具有微型计算机的基础知识（包括计算机病毒的防治常识）。
2. 了解微型计算机系统的组成和各部分的功能。
3. 了解操作系统的基本功能和作用,掌握 Windows 的基本操作和应用。
4. 了解文字处理的基本知识，熟练掌握文字处理 MSWord 的基本操作和应用，熟练掌握一种汉字（键盘）输入方法。
5. 了解电子表格软件的基本知识，掌握电子表格软件 Excel 的基本操作和应用。
6. 了解多媒体演示软件的基本知识，掌握演示文稿制作软件 PowerPoint 的基本操作和应用。
7. 了解计算机网络的基本概念和因特网（Internet）的初步知识，掌握 IE 浏览器软件和 OutlookExpress 软件的基本操作和使用。

考试内容：

一、计算机基础知识

1. 计算机的发展、类型及其应用领域。
2. 计算机中数据的表示、存储与处理。
3. 多媒体技术的概念与应用。
4. 计算机病毒的概念、特征、分类与防治。
5. 计算机网络的概念、组成和分类；计算机与网络信息安全的概念和防控。
6. 因特网网络服务的概念、原理和应用。

二、操作系统的功能和使用

1. 计算机软、硬件系统的组成及主要技术指标。
2. 操作系统的基本概念、功能、组成及分类。
3. Windows 操作系统的基本概念和常用术语，文件、文件夹、库等。
4. Windows 操作系统的基本操作和应用。

（1）桌面外观的设置，基本的网络配置。

（2）熟练掌握资源管理器的操作与应用。

（3）掌握文件、磁盘、显示属性的查看、设置等操作。

（4）中文输入法的安装、删除和选用。

（5）掌握检索文件、查询程序的方法。

（6）了解软、硬件的基本系统工具。

三、文字处理软件的功能和使用

1. Word 的基本概念，Word 的基本功能和运行环境，Word 的启动和退出。

2. 文档的创建、打开、输入、保存等基本操作。

3. 文本的选定、插入与删除、复制与移动、查找与替换等基本编辑技术；多窗口和多文档的编辑。

4. 字体格式设置、段落格式设置、文档页面设置、文档背景设置和文档分栏等基本排版技术。

5. 表格的创建、修改；表格的修饰；表格中数据的输入与编辑；数据的排序和计算。

6. 图形和图片的插入；图形的建立和编辑；文本框、艺术字的使用和编辑。

7. 文档的保护和打印。

四、电子表格软件的功能和使用

1. 电子表格的基本概念和基本功能，Excel 的基本功能、运行环境、启动和退出。

2. 工作簿和工作表的基本概念和基本操作，工作簿和工作表的建立、保存和退出；数据输入和编辑；工作表和单元格的选定、插入、删除、复制、移动；工作表的重命名和工作表窗口的拆分和冻结。

3. 工作表的格式化，包括设置单元格格式、设置列宽和行高、设置条件格式、使用样式、自动套用模式和使用模板等。

4. 单元格绝对地址和相对地址的概念，工作表中公式的输入和复制，常用函数的使用。

5. 图表的建立、编辑、修改及修饰。

6. 数据清单的概念，数据清单的建立，数据清单内容的排序、筛选、分类汇总，数据合并，数据透视表的建立。

7. 工作表的页面设置、打印预览和打印，工作表中链接的建立。

8. 保护和隐藏工作簿和工作表。

五、PowerPoint 的功能和使用

1. 中文 PowerPoint 的功能、运行环境、启动和退出。

2. 演示文稿的创建、打开、关闭和保存。

3. 演示文稿视图的使用，幻灯片基本操作（版式、插入、移动、复制和删除）。

4. 幻灯片基本制作（文本、图片、艺术字、形状、表格等插入及其格式化）。

5. 演示文稿主题选用与幻灯片背景设置。

6. 演示文稿放映设计（动画设计、放映方式、切换效果）。

7. 演示文稿的打包和打印。

六、因特网（Internet）的初步知识和应用

1. 了解计算机网络的基本概念和因特网的基础知识，主要包括网络硬件和软件，TCP/ IP 协议的工作原理，以及网络应用中常见的概念，如域名、IP 地址、DNS 服务等。

2. 能够熟练掌握浏览器、电子邮件的使用和操作。

考试方式：

1. 采用无纸化考试，上机操作。考试时间为 90 分钟。
2. 软件环境：Windows 7 操作系统，Microsoft Office 2010 办公软件。
3. 在指定时间内，完成下列各项操作：

（1）选择题（计算机基础知识和网络的基本知识）。（20 分）
（2）Windows 操作系统的使用。（10 分）
（3）Word 操作。（25 分）
（4）Excel 操作。（20 分）
（5）PowerPoint 操作。（15 分）
（6）浏览器（IE）的简单使用和电子邮件收发。（10 分）

参考文献

[1] 柴欣，史巧硕．大学计算机基础实践教程（Windows 7+Office2010），北京：人民邮电出版社，2014.

[2] 黄文，杨杰．大学计算机基础实验指导．北京：现代教育出版社，2013.

[3] 甘勇，尚展垒，梁树军等编著．大学计算机基础实践教程．2 版．北京：人民邮电出版社，2012.

[4] 陈颖，张凤梅，李海．即学即用 Word/Excel 2010 办公实战应用宝典．北京：科学出版社，2011.

[5] 杨青．大学计算机基础实验教程．北京：高等教育出版社，2013.